箱包产品
设计与制作

刘雪姿　编著

DESIGN
AND
MANUFACTURE
OF LUGGAGE
PRODUCTS

U0389872

化学工业出版社

·北京·

内容简介

　　《箱包产品设计与制作》依托箱包企业实际工作流程和箱包设计师的工作岗位要求进行编写。采用项目化、任务式的体例，设置了4个教学项目、13个学习任务。先是对"箱包产品及设计元素认知"，到"箱包产品设计表达及工艺制作"的完整流程学习，最后，完成"品牌箱包产品创新设计项目实践"和"自主品牌箱包产品设计项目实践"的实训任务。

　　本书嵌入课件、视频、拓展知识等数字资源，以二维码的形式来表现，将教材、课堂、教学资源三者融合。

　　本书语言清晰易懂，图文并茂，既可作为中、高职，本科院校的皮具设计、服饰品设计专业师生的教学用书，也可以作为箱包设计从业人员和箱包设计爱好者的业余读物。

图书在版编目（CIP）数据

箱包产品设计与制作/刘雪姿编著. —北京：化学工业出版社，2021.1（2024.2重印）
ISBN 978-7-122-37897-2

Ⅰ.①箱⋯　Ⅱ.①刘⋯　Ⅲ.①箱包-设计②箱包-生产工艺　Ⅳ.①TS563.4

中国版本图书馆CIP数据核字（2020）第193088号

责任编辑：李彦玲
文字编辑：温月仙　陈小滔
责任校对：王　静
装帧设计：李子姮

出版发行：化学工业出版社
　　　　　（北京市东城区青年湖南街13号　邮政编码100011）
印　　装：涿州市般润文化传播有限公司
787mm×1092mm　1/16　印张11¼　字数253千字
2024年2月北京第1版第2次印刷

购书咨询：010-64518888
售后服务：010-64518899
网　　址：http://www.cip.com.cn
凡购买本书，如有缺损质量问题，本社销售中心负责调换。

定　　价：59.80元　　　　　　　　版权所有　违者必究

前 言

箱包设计是近年来新兴的设计学科方向。目前,我国箱包行业正在面临产业的转型升级,由"制造"向"创造"发展,箱包设计师的创新能力亟需提升。

《箱包产品设计与制作》是皮具艺术设计类专业的核心课程之一,课程教学目标对接箱包企业的生产过程,以箱包设计师的工作流程(箱包造型设计、结构设计、箱包出格、裁料工艺、台面制作工艺、车缝工艺、整理工艺等工作任务),模拟真实的工作情境,完成相应的教学项目任务,使学习者掌握箱包设计师岗位的知识与技能,从而提升设计创新的能力,满足箱包行业对设计人才的需求。

本书编写突出职业教育教学职业性、开放性、实践性的特点,理论与实践一体,构建以任务驱动、项目化、任务式结构进行编写,以一系列校企合作仿真或全真的企业实践项目为载体开展教学活动。教材内容共设置了4个教学项目,13个学习型任务。教材形态除传统的纸质教学内容外,还匹配了丰富的课件、操作视频演示、案例导入、拓展资料等二维码资源,用手机扫码即可观看,实现随时随地、线上线下互动学习,极大满足信息化时代学生利用零碎时间学习、分享、互动的需求。本教材在"学习通"课程移动教学平台上已建设了"在线开放课程",提供教学大纲、电子教案、课程设计、教学案例、微课等丰富的课程教学资源,还可借助平台组织课堂讨论、课堂测试等。

本书由广州番禺职业技术学院刘雪姿编著,皮具设计专业毕业生徐笑珍(现任职东莞市至潮袋手袋有限公司)、李志聪(现任职广州市红蜻蜓皮具有限公司)协助提供了部分图片素材,并选用了番禺职业技术学院谭康健、王春浩、李晓渝、谢沛贤、邓梅英等学生的作品,在此一并致谢。

由于编者水平有限,书中难免会存在疏漏之处,恳请专家和同行批评指正。

编著者
2020.8

目　录

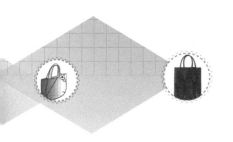

项目一
箱包产品及设计元素认知

知识点	技能点	实训项目
国际箱包品牌；品牌风格；品牌设计师；品牌箱包设计元素与经典款式	会辨别箱包品牌风格；熟悉品牌箱包设计元素与经典款式	搜集国内外箱包品牌档案资料，并制作PPT进行讲解交流

　一、国际十大箱包品牌

　　品牌，广义是指具有经济价值的无形资产，用抽象化的、特有的、能识别的心智概念来表现其差异性，从而在人们的意识当中占据一定位置的综合反映。

　　品牌通俗讲是指消费者对产品及产品系列的认知程度，由名称、名词、符号、象征、设计或它们的组合构成，一般包括两个部分：品牌名称和品牌标志。

　　箱包作为人们穿戴的服装配饰品，国际上知名的箱包品牌琳琅满目，各个品牌具有自己的个性风格和文化内涵，有以箱包起家的百年箱包企业品牌，也有作为服装的配饰品设计独具特色而衍生出一流的箱包品牌产品。

　　作为未来的箱包设计师，需要了解全面的箱包品牌设计知识，本节课安排了实训项目，除列举的十个箱包品牌的知识外，其余内容将采用自主学习的形式来进行更深入的探究和学习。

本节内容选取了国际著名的十个品牌作为代表性的箱包品牌产品来进行介绍，包括LV（路易·威登）、Chanel（香奈儿）、Gucci（古驰）、Dior（迪奥）、Fendi（芬迪）、Prada（普拉达）、Michael Kors（迈克·高仕）、Burberry（博柏利）、Hermes（爱马仕）、Samsonite（新秀丽）。另外，还有一些国际上知名箱包品牌，包括百年箱包品牌Loewe、Longchamp、Furla、Coach、Chloe、Bottega Veneta、Celine等；年轻的个性箱包品牌Anya、Danse Lente、ZAC Zac Posen、Manu atelier、Charles&Keith、Boyy等；还有中国国内逐渐走向国际市场的箱包品牌泽尚（ZESH）、迪桑娜（Dissona）、万里马（WanLiMa）、红谷（HONGU）、金利来（Goldlion）、纽芝兰（Nucelle）等。

1.LV（路易·威登）

品牌标志：	品牌档案
	中文名：路易·威登
	英文名：Louis Vuitton
	创立时间：1854年
	国家：法国
	创始人：Louis Vuitton
	产品线：男装、女装、行李箱、手袋、饰品

Louis Vuitton，简写为"LV"，中文名为"路易·威登"，是由品牌创始人Louis Vuitton于1854年创立，成立于法国巴黎。从皇室御用到顶级工艺作坊，路易·威登的种种经典设计顺应了旅行历史重要发展的潮流。1896年Louis Vuitton的Monogram帆布首次面世，宣告了品牌的时尚面貌，其独有的创意也成为其经典象征；随着游轮旅行的风靡，1901年推出Steamer旅行袋，标志旅行软袋时代正式来临；1924年的Keepall旅行袋，改变了旅行的重量与打包方式，使得短途即兴的出行更为轻松优雅；1997年，随着艺术总监Marc Jacobs的加入，Louis Vuitton将其精湛工艺及独有奢华延伸至时装、鞋履、腕表、配饰及珠宝精品，为顾客在法式传统中融入了时尚的色彩。Louis Vuitton坚持做自己的品牌，坚持自己的品牌精神，坚持做不一样的东西，给用户提供一个真正有文化的东西，一直崇尚精致、品质、舒适的"旅行哲学"，使之成为全世界公认的顶级品牌。印有"LV"标志这一独特图案的交织字母帆布包，伴随着丰富的传奇色彩和典雅的设计而成为时尚之经典。Louis Vuitton也坚持着不断创新，Keepall手袋，颠覆了以往人们对手袋的概念，同时柔软的帆布让人爱不释手。

2.Chanel（香奈儿）

Chanel（香奈儿），是由Gabrielle Chanel于1910年在法国巴黎创立的品牌，至今已有百年历史。Chanel时装永远有着高雅、简洁、精美的风格，善于突破传统，早在20世纪40年代就成功地将女装推向简单、舒适，这也成为最早的现代休闲服。Chanel的产品种类繁多，

品牌标志：

品牌档案

中文名：香奈儿
英文名：Chanel
创立时间：1910年
国家：法国
创始人：Gabrielle Chanel
产品线：成衣、香水、彩妆、护肤品、
　　　　鞋履、手袋、腕表、珠宝配饰等

有服装、珠宝饰品及其配件、化妆品、香水，每一种产品都闻名遐迩，特别是她的香水与时装。Chanel创造了伟大的时尚帝国，同时追求自己想要的生活。1955年2月，第一款菱格纹手袋诞生，2.55手袋也因这个日期而得名。Chanel的经典2.55手袋完美融合视觉魅力和实用功能，成为顶级精品的象征。1986年，Karl Lagerfeld担任Chanel艺术总监，他用新的手法演绎了细致、奢华、永葆流行的Chanel精神。Chanel现由Virginie Viard接班。

3.Gucci（古驰）

品牌标志：

品牌档案

中文名：古驰、古奇、古姿
英文名：Gucci
创立时间：1921年
国家：意大利
创始人：Guccio Gucci
产品线：时装、皮具、皮鞋、手表、领带、
　　　　丝巾、香水、家居用品及宠物用品等

Gucci（古驰）是意大利时装品牌，由Guccio Gucci在1921年于意大利佛罗伦萨创办。Gucci的产品包括时装、皮具、皮鞋、手表、领带、丝巾、香水、家居用品及宠物用品等，中文译作古驰。Gucci品牌时装一向以高档、豪华、性感而闻名于世，以"身份与财富之象征"品牌形象成为富有上流社会的消费宠儿，一向被商界人士垂青，其时尚又不失高雅，现在是意大利最大的时装集团。Gucci——永恒而经典，深受明星们的青睐，品牌灵感源自演员、公主和名媛等杰出女性。如今其创作总监弗里达·贾娜妮（Frida Giannini），将这一历史悠久的品牌推向了全新的高度。其产品包括经典鞋履，奢华手袋，珠宝手表等。

4.Dior（迪奥）

Dior（迪奥）简称CD，由法国时装设计师Christian Dior于1946年创立，总部设在巴黎，

品牌标志：

品牌档案

中文名称：迪奥

英文名称：Dior

创立时间：1946年

国家：法国

创始人：Christian Dior

产品线：时装、首饰、香水、化妆品、皮
草、手袋、头巾、珠宝及鞋等

主要经营女装、男装、首饰、香水、化妆品、童装等高档消费品。Dior一直是炫丽的高级女装的代名词，其选用高档、华丽、上乘的面料表现出耀眼、光彩夺目、华丽与高雅的女装，倍受时装界关注。Dior手袋或百搭简约或绚丽摩登。经典款Lady Dior手袋采用镂空藤编、拉毛拼布、手工珠绣等工艺，设计前卫先锋，给人艺术般的视觉享受。

5.Prada（普拉达）

品牌标志：

PRADA
MILANO
DA. 1913

品牌档案

中文名称：普拉达

英文名称：Prada

创立时间：1913年

国家：意大利

创始人：Mario Prada

产品线：男女成衣、皮具、鞋履、眼镜及香
水等

Prada（普拉达）于1913年在意大利的米兰创建。创始人Mario Prada的独特天赋在于对新创意的不懈追求，融合了对知识的好奇心和文化兴趣，从而开辟了先驱之路。以制造高级皮革制品起家的Prada，设计的手袋时尚而品质卓越，旅行箱、皮质配件及化妆箱等系列产品，得到了来自皇室和上流社会的宠爱和追捧。Prada不仅能够预测时尚趋势，更能够引领时尚潮流。Prada产品包括男女成衣、皮具、鞋履、眼镜及香水，并提供量身定制服务。Prada在近百年的发展过程中，通过致力于创造兼具经典色彩和创新精神的时尚理念，已成为享誉世界的传奇品牌。

6.Fendi（芬迪）

Fendi（芬迪）是意大利著名的奢侈品品牌，最早的皮革世家。Fendi最出名的莫过于It Bag-Fendi Baguette手袋，其外形像法式长棍，由Silvia Venturini Fendi设计。1925年Fendi品

品牌标志：

FENDI

品牌档案

中文名：芬迪
英文名：Fendi
创立时间：1925年
国家：意大利
创始人：Adele Casagrande
产品线：女装、男装、鞋靴、手袋、香水
配饰

牌由阿黛勒·芬迪正式创立于罗马，专门生产高品质毛皮制品。1955年首次举行芬迪时装发布会。1965年，由于Karl Lagerfeld的加入，Fendi逐渐增加了高级女装、男装、鞋靴、香水。其后公司逐渐发展壮大，经营范围扩大到针织服装、泳装等品类，甚至开发了珠宝、男用香水等。Fendi发展至今，品牌以其奢华皮草和经典手袋在世界高级时装界享有盛誉。

7.Michael Kors（迈克·高仕）

品牌标志：

品牌档案

中文名：迈克·高仕
外文名：Michael Kors
创立时间：1981年
国家：美国
创始人：Michael Kors
产品类别：手袋、男装、女装、配饰、手
表等

　　Michael Kors（迈克·高仕）品牌于1981年正式创立，总部设在美国纽约市。Michael Kors说他的设计为高端经典休闲系列，同时简约不失优雅。Michael Kors将品牌和过去的经典美国奢侈品品牌区分开来，将奢侈品行业带入了一个新阶段，并且成功塑造了崇尚自我表达和与众不同的生活化概念，成为美式奢侈生活风格的代表。

8.Burberry（博柏利）

　　Burberry是成立于1856年的英国奢侈品牌，长久以来凭借独具匠心的创新理念、传统考究的精湛工艺和创意无限的设计风格享誉全球。它具有浓厚的英伦文化，长久以来成为奢华、品质、创新以及永恒经典的代名词，旗下的风衣作为品牌标识享誉全球。在首席创意总监兼首席执行官Christopher Bailey的领导下，该品牌不断与时俱进，充满现代感和崇尚真我表达。Burberry的风衣和香水在世界有很高的知名度，带有一股英国传统的设计风格。

品牌标志： 	品牌档案 中文名：巴宝利、巴宝莉、博柏利 英文名：Burberry 创立时间：1856年 国家：英国 创始人：Thomas Burberry 产品系列：男装、女装、童装、皮草、鞋、 包、香水、眼镜等

Burberry服饰品以经典的格子图案、独特的布料、大方优雅的剪裁为主。产品包括服装、香水、皮草、头巾、针织衫及鞋等。

9.Hermes（爱马仕）

品牌标志： 	品牌档案 中文译名：爱马仕 英文名：Hermes（Hermès） 创立时间：1837年 国家：法国 创始人：Thierry Hermès 产品线：马具、皮具、香水、服装、丝巾、 餐瓷、钟表、珠宝等

Hermes（爱马仕）是世界著名的奢侈品品牌，1837年由Thierry Hermes创立于法国巴黎，早年以制造高级马具起家，迄今已有180多年的悠久历史。Hermes是一家忠于传统手工艺，不断追求创新的国际化企业，截至2014年已拥有箱包、丝巾、领带、男女装和生活艺术品等十七类产品系列。Hermes的总店位于法国巴黎，分店遍布世界各地，1996年在北京开了中国第一家Hermes专卖店，"爱马仕"为大中华区统一中文译名。Hermes一直秉承着超凡卓越、极致绚烂的设计理念，造就优雅至极的传统典范。

10.Samsonite（新秀丽）

Samsonite（新秀丽）是国际著名箱包品牌，1910年始创于美国，采用高科技人工技术及先进原料，努力研究及发展新产品，并重新定义耐用性、多功能性、合乎人体工学的设计及安全标准。优秀而卓越的产品质量、与时代同步的设计风格、考虑周到的实用性和可靠性以及完善的售后服务，使Samsonite赢得了世界各地消费者的喜爱和认同。作为旅行用品领域的行家，它以世界带头人和创新者的形象，不断创造出别具匠心、经久耐用、时尚

品牌标志：	品牌档案
	中文译名：新秀丽 品牌名称：Samsonite 创立时间：1910年 国家：美国 创始人：Jesse Schweider 产品线：行李箱、拉杆箱、商务旅行包、背包、电脑包

舒适的箱包产品。Samsonite的产品已经延伸至三大领域，分别是旅行、公文和休闲，为全世界的旅行者提供了一套全面的旅行配备方案。

二、品牌箱包设计师

> 箱包设计师，指从事箱包产品设计开发、研制等工作的人。他需具备活跃的创新思维、敏锐的色彩感觉、较强的审美观念，并对市场的敏感度高、能把握市场流行趋势。箱包设计师需根据市场行情、箱包品牌风格、消费者心理，对箱包品牌进行设计定位、创意设计并绘出设计标准化图纸，然后，打版师依据此图纸进行样板的制作。

1.Louis Vuitton（路易·威登）

Louis Vuitton（路易·威登）是法国奢侈品牌LV创始人，世界最杰出的时尚设计大师之一。1837年Louis Vuitton到巴黎为贵族收拾行装，1854年在巴黎开了以自己名字命名的第一间皮箱店。Louis Vuitton的皮箱最先是以灰色帆布镶面，1896年，Louis Vuitton的儿子乔治用父亲姓名中的简写L及V配合花朵图案，设计出到今天仍蜚声国际的交织字母印上粗帆布的样式。从设计最初到现在，印有"LV"标志这一独特图案的交织字母帆布包，伴随着丰富的传奇色彩和典雅的设计而成为时尚之经典。

2.Gabrielle Bonheur Chanel（加布里埃·香奈儿）

Gabrielle Bonheur Chanel别名Coco Chanel（可可·香奈儿），法国先锋时装设计师，Chanel品牌的创始人，她基于男装的模式和现代主义的出发点，崇尚简洁大方，创造了伟大的时尚帝国，她现代主义的见解，男装化的风格，简单设计之中见昂贵，是20世纪时尚界的重要人物之一。

3.Guccio Gucci（古奇欧·古驰）

Gucci（古驰）创办人，1881年出生于佛罗伦萨，曾在伦敦Savoy饭店担任行李员，后回到老家佛罗伦萨，开了一家专卖皮革和马具的店铺，随着业务的扩展，新的店面在罗马著名的 Via Condotti 开幕，大受欢迎。更值得一提的是，Gucci 是今日产品品牌化的始祖，为了保障品质，Gucci 将品牌名字印在自身产品上，这在世界时尚史上是首见的创举。

4.Christian Dior（克里斯汀·迪奥）

Dior（迪奥）创始人，Christian Dior 1947 年在法国巴黎成立了时装店，将传统服装和自创的 H-Line、A-Line 和 Y-Line 剪裁轮廓线条带入时装界，成为著名的时装界设计师。同年，Christian Dior 创立了 Parfums Christian Dior，推出称为 Miss Dior 的新式香水（一种植物性绿色西普香水）。Dior 的产品风格是色彩缤纷、体验艺术和具有高效的护肤工艺，在全球香水和化妆品市场占有重要的地位。

5.Miuccia Prada（缪西娅·普拉达）

Miuccia Prada 自 1978 年开始担任 Prada 的设计总监，1989 年举办了她的首次女装发布会，一经推出立刻就引起了轰动。她每一系列的设计均行走在流行的最前沿，对她来说，设计是个不断尝试和创新的过程，需要有不妥协的探索精神和实验精神。这个过程诞生了一系列真正创新和令人印象深刻的设计元素，这些最终成为时尚界的当代经典。

6.Karl Lagerfeld（卡尔·拉格菲尔德）

Karl Lagerfeld 本名 Karl Otto Lagerfeld，人们称他为"时装界的凯撒大帝"或是"老佛爷"。他是巴黎时尚设计师、艺术家，懂得英、法、德和意大利四国语言，曾与许多时尚、艺术品牌合作，任时装品牌香奈儿的领衔设计师、创意总监。1965 年开始，卡尔·拉格菲尔德担任 Fendi 品牌设计，Karl Lagerfeld 的加入，使芬迪（Fendi）逐渐增加了高级女装、男装、鞋靴、香水。拉格菲尔德富有戏剧性的设计理念使芬迪品牌服装获得全球时装界的瞩目及好评，拉格菲尔德与芬迪合作的以双 F 字母为标识的混合系列，是继法国香奈儿的双 C 字母、意大利古奇的双 G 字母后，又一个时装界众人皆识的双字母标志。

7.Michael Kors（迈克·高仕）

Michael Kors 是美国 Michael Kors 创始人，他是个极简主义者，设计的风格简约明朗，喜爱运用高级面料缝制服装，开司米针织款式是他的拿手好戏。他还擅长设计名贵运动服，是位不脱离现实的幻想家，钟情巴黎的纽约人，他凭自成一格的设计，赢得了世人瞩目。Michael Kors 成功塑造了崇尚自我表达和与众不同的生活化概念，并且将奢侈品行业带入了一个新阶段，Michael Kors 已经成为美式奢侈生活风格的代表。

8.Thomas Burberry（托马斯·博柏利）

Thomas Burberry 是英国 Burberry 品牌创始人，1891 年在伦敦开了第一家店，那里是 Burberry 公司的总部所在地。凭着传统、精湛的设计风格和产品制作，1955 年，Burberry 获得了由伊丽莎白女王授予的"皇家御用认证（Royal Warrant）"徽章。今天，Burberry 经典的格子图案、独特的布料功能和大方优雅的剪裁，已经成为英伦气派的代名词。历经百年后，现在的 Burberry 再度成为最抢手的热门时尚品牌，受到了各个年龄阶层消费者的青睐。

9.Jean Louis Dumas（让·路易斯·杜马斯）

Jean Louis Dumas，Hermes（爱马仕）的第九代成员，1978年成为Hermes的领导者，与表兄弟们携手合作，把年轻的朝气与热情注入集团内。他重新演绎了丝绸制品、皮革制品和时装等系列，将先进的技巧与传统的生产工艺相结合。他在瑞士比尔成立了名为La Montre Hermes的制表分部；然后又推出了珐琅和陶瓷产品，并收购了制鞋商John Lobb，水晶工坊Saint-Louis以及金银工匠Puiforcat。自1976年成立控股公司以来，Hermes集团扩大并加强了全球业务。Jean Louis Dumas使集团出现了惊人的增长，这得益于他始终如一地追求完美。1986年上市的著名手提包款爱马仕"铂金"包（Hermes Birkin）是Jean Louis Dumas与法国女星Jane Birkin在一次旅行偶遇中所产生的灵感设计，因此以该女星的名字命名。

10.Jesse Schweider（杰希·施威德）

Jesse Schweider是Samsonite（新秀丽）创始人，1910年在美国西部科罗拉多州的丹佛市建立了属于他的"施威德行李箱制造公司"，产品是木头衣箱，而这些箱子也曾是最理想的行李箱，其主要销往地是美国中西部。1941年Samsonite正式作为公司的商标名称使用，推出了一款名为"Samsonite Streamlite"的全新箱包，其采用了特殊处理过的纤维材料，并用石磨打磨出粗糙的效果，整体效果看上去就好像真皮一样。如今，Samsonite的品牌设计理念从单纯的"旅行箱公司"升华至"充满理想的旅游解决方案"。

三、品牌箱包设计风格

品牌设计风格，是产品在消费者心中的形象，也是消费者区分不同产品的标记，通过产品名称、外观、包装、产品质量、感受等特征而形成。

产品的风格是消费者在头脑中形成的、对某种产品的整体印象。产品风格的不同影响着消费者对产品品质的判断，也就影响了对产品价值的判断，从而影响消费者对产品的选择。因此，一个成功的产品必须有一个准确的风格定位。产品风格定位要求对企业文化有深入的理解，能够提取其文化的精髓，而且能够对企业文化风格进行延续和发展，不同产品用户群不同，其品味、风格也不同，所以每个品牌设计风格也各不相同。

1.LV（路易·威登）设计风格

Louis Vuitton（路易·威登）品牌一直把崇尚精致、品质、舒适的"旅行哲学"，作为设计的出发基础，在坚持最初理念的基础上，路易·威登也坚持着不断创新，Keepall手袋，颠覆了以往人们对手袋的概念，同时柔软的帆布让人爱不释手。LV不但使用皮革或其他普通皮料，而且经常采用一种名为Canvas的帆布物料，外加一层防水的PVC，的确让它的皮包历久弥新，不易磨损。除了"耐用"之外，有一百六十年历史的LV，一开始就专攻皇室及贵族市场，这也是令这个名牌屹立不倒的原因。LV每一件产品的诞生都成为不可取代的经典，其优雅并有着丰富的传奇色彩和雅典的设计，成为时尚之经典。

2.Chanel（香奈儿）设计风格

Chanel设计风格廓线流畅，质料舒适，款式实用，优雅娴美，均被奉为时尚女性的基本穿衣哲学。香奈儿始终坚持走高端路线，时尚简约、简单舒适、纯正风范、婉约大方、青春靓丽是其主要特点。"流行稍纵即逝，风格永存"是品牌背后的指导力量；"华丽的反面不是贫穷，而是庸俗"，香奈儿女士主导的香奈儿品牌最特别之处在于实用的华丽，她不断地从生活周围撷取灵感。

3.Gucci（古驰）设计风格

从1921年创立，Gucci一直走的是贵族化路线，作风奢华且略带硬朗的男子气概。1947年Gucci竹制手把的"竹节包"问世，接着，带有创办人名字缩写的经典双G标志、衬以红绿饰带的帆布包和相关皮件商品也陆续问世。有马衔环的Moccasin鞋、为Grace Kelly设计的Flower Scarf，屡屡获得好评，佩戴Gucci已经是一种社会地位的象征。从20世纪40年代末到60年代，Gucci接连推出了带竹柄的皮包、镶金属袢的软鞋、印花丝巾等一系列的经典设计，其产品的独特设计和优良材料，成为典雅和奢华的象征，为淑女名流所推崇。进入九十年代后，Gucci改变过去的华丽风格，注入性感的基因，让Gucci基本成为今日最性感的品牌。

4.Dior（迪奥）设计风格

Dior以美丽、优雅为设计理念，采取精致、简单的剪裁，以品牌为旗帜，以法国式的高雅和品位为准则，坚持华贵、优质的品牌路线，迎合上流社会成熟女性的审美品位，诱惑、创造力、女性化、华贵是CD服装风格的永恒追求。CD时装注重的是女性造型线条而并非色彩，具有鲜明的风格，强调女性隆胸丰臀、腰肢纤细、肩形柔美的曲线。CD让黑色成为一种流行的颜色。它的晚装豪华、奢侈，在传说和创意、古典和现代、硬朗和柔情中寻求统一。CD设计的永远为流行的时装，永远存在着价值。它选用高档、华丽、上乘的面料表现出耀眼、光彩夺目的华丽与高雅。它继承着法国高级女装的传统，始终保持高级华丽的设计路线，做工精细，象征着法国时装文化的最高精神。

5.Prada（普拉达）设计风格

Prada亮眼的表现主要归功于Prada的设计与现代人生活形态水乳相融，它不仅在布料、颜色与款式上下功夫，其设计背后的生活哲学正巧契合现代人追求切身实用与流行美观的双重心态，在机能与美学之间取得完美平衡，不但是时尚潮流的展现，更是现代美学的极致。近两年来Prada也大力开发一些皮包的流行款式，如小型购物提包，其风格多为缤纷多彩的颜色，以及容易保养的帆布材质。

6.Fendi（芬迪）设计风格

Fendi最广为人知的双F标志出自"老佛爷"卡尔·拉格菲尔德（Karl Lagerfeld）笔下，常不经意地出现在Fendi服装、配件的扣子等细节上，后来甚至成为布料上的图案。定义了"FUN FUR"的概念，这成为Fendi双F标志的灵感来源，而双F标志也在日后成为享誉世界的商标。2013年，正值品牌诞生88年，Fendi的标志又经过重新的设计与改进，加入了"ROMA"字样，以作为代表罗马瑰宝的象征，诠释着品牌真正的灵魂。奢华、大胆运用撞色、镶嵌，设计师认为不合理是他们追求的一种独特风格。

7.Michael Kors（迈克·高仕）设计风格

Michael Kors的品牌精髓是Jet Set。20世纪60年代Jet Set的大好时光就是美国名媛明星享受生活的黄金年代。上午在纽约，夜晚在巴黎，不在乎完美妆容，戴上墨镜，就能随时出发。只是为了一顿下午茶，就有了出走理由的奢华休闲风潮，其意义不仅在于搭乘喷气机环游世界，最重要的还是舒服做自己，和自己的平底鞋愉快相处。相对于今天的快节奏生活，他们就是当年的先行者。Jet Set这个词，意味着选择适应快节奏现代生活的时尚着装，无论搭乘的是私人飞机还是穿梭都市的公共汽车，都应随时做好准备，闪耀登场。

8.Burberry（博柏利）设计风格

Burberry的招牌格子图案是Burberry家族身份和地位的象征。这种由浅驼色、黑色、红色、白色组成的三粗一细的交叉图纹，不张扬、不妩媚，自然散发出成熟理性的韵味，体现了Burberry的历史和品质，甚至象征了英国的民族和文化。1924年，这种带有浓郁苏格兰风情的格子图案注册成商标，不久，红色、骆驼色、黑色和白色的格子成为Burberry产品的代名词。蓝色也加入其中，丰富了Burberry格子图案的内涵。

9.Hermes（爱马仕）设计风格

Hermes（爱马仕）从1837年在巴黎开设首家马具店以来，180多年间就一直以精美的手工和贵族式的设计风格立足于经典服饰品牌的巅峰。它奢侈、保守、尊贵，整个品牌由整体到细节，再到它的专卖店，都弥漫着浓郁的以马文化为中心的深厚底蕴。让所有的产品至精至美、无可挑剔，是Hermes的一贯宗旨。其大多数产品都是手工精心制作的，因此有人称Hermes的产品为思想深邃、品位高尚、内涵丰富、工艺精湛的艺术品。这些Hermes精品，通过其散布于世界20多个国家和地区的200多家专卖店，融进快节奏的现代生活中，让世人重返传统优雅的怀抱。

10.Samsonite（新秀丽）设计风格

Samsonite，一个拥有百年历史、享誉世界的箱包品牌，它的产品实用、时尚、多功能、简洁、高质量、符合人体工程学。Samsonite以高科技人工技术及先进原料，努力研究及发展新产品并重新定义耐用性、多功能性、合乎人体工学的设计及安全标准。它秉承"以人为本"的设计理念，严格质量检测，使其产品成为艺术与科技完美结合的典范。作为旅行用品领域的行家，它以世界带头人和创新者的形象，不断创造出别具匠心、经久耐用、时尚舒适的箱包产品。

四、品牌箱包设计元素与经典款式

品牌箱包产品除了实用功能以外，人文艺术的价值更加突出，品牌的每一段发展历史故事都赋予产品无价的品牌内涵。品牌经典款式的独特个性设计元素始终贯穿于品牌产品的设计之中。品牌箱包经典设计元素一般包括品牌标志（logo）、图形、材质纹样、配饰等。

1.LV（路易·威登）设计元素与经典款式

Louis Vuitton（路易·威登）的经典设计元素包括LV字母的标志图案、四瓣花形图案、Monogram防水帆布、Damier棋盘格以及Tumbmer锁扣、LV锁、LV饰扣等配饰。路易·威登的皮箱最先是以灰色帆布镶面，1896年，路易·威登的儿子乔治用父亲姓名中的简写L及V配合花朵图案，设计出到今天仍蜚声国际的交织字母及粗帆布样式。这个经典花纹沿用百余年。经典款式有老花系列、棋盘格系列、漆皮系列、水波纹系列等。表1-1为LV（路易·威登）设计元素及其经典款式。

表 1-1　LV（路易·威登）设计元素及其经典款式

标志	图形	材质纹样	配饰
LV 字母组合	四瓣花	Monogram 防水帆布、Damier 棋盘格皮革	Tumbmer 锁扣、LV 锁、LV 饰扣
经典款式			

2.Chanel（香奈儿）设计元素与经典款式

Chanel（香奈儿）的经典设计元素包括双C标志、菱格纹、斜纹软呢，以及双C锁扣、链条、山茶花等配件。双C是Chanel的图形标志，这是香奈儿精神的象征。菱格纹是从第一代香奈儿皮件开始不断被运用在香奈儿服装、皮件及其他配饰产品的设计上。Chanel对山茶花情有独钟，设计各种材质的山茶花饰品，面料图案也常运用山茶花图形。表1-2为Chanel（香奈儿）设计元素及其经典款式。

表 1-2　Chanel（香奈儿）设计元素及其经典款式

标志	图形	材质纹样	配饰
双 C 字母组合	山茶花	菱格纹皮革、斜纹软呢	双 C 锁扣、链条、山茶花配件
经典款式			

3.Gucci（古驰）设计元素与经典款式

Gucci（古驰）经典设计元素包括竹节手柄、双 G 休闲提花帆布、双 G 扣、马术链、蛇头、蜜蜂等五金配件。印着成对字母 G 的商标图案和醒目的红与绿色为 Gucci 的象征，常出现在公文包、手提袋、钱夹等上。Gucci 的竹节包取自自然材料，手工烧制，不易断裂。Gucci 在 20 世纪初是意大利制造马具中的佼佼者，以马术链造型设计的五金配件成为该品牌产品的标识。表 1-3 为 Gucci（古驰）设计元素及其经典款式。

表 1-3　Gucci（古驰）设计元素及其经典款式

标志	图形	材质纹样	配饰
双 G 字母组合	双 G 图案	双 G 休闲提花帆布、三色条纹织带	双 G 扣、马术链、竹节手柄、蛇头、蜜蜂五金配件
经典款式			

4.Dior（迪奥）设计元素与经典款式

Dior（迪奥）经典设计元素包括藤格纹、千鸟纹、CD 饰扣、Dior 挂饰、Dior 字母等。其用小羊皮或者漆皮包面饰以经典藤格纹缝线设计，以链式手拿包、链式肩背包以及手提包为经典款，色彩主要是黑色和米色两个经典色，近年来色彩应用绚丽多姿，并运用了多种工艺和材质。表 1-4 为 Dior（迪奥）设计元素及其经典款式。

表 1-4　Dior（迪奥）设计元素及其经典款式

标志	图形	材质纹样	配饰
CD 字母组合	藤格纹	藤格纹皮革、千鸟纹呢料	CD 金属饰扣、Dior 金属挂饰、J'ADIOR 金属字母掌环、Dior 金属饰件
经典款式			

5.Prada（普拉达）设计元素与经典款式

Prada（普拉达）经典设计元素包括 Prada 三角徽标、Saffiano 皮革、Prada 再生尼龙、绗缝皮革、Prada 字母标志、Prada 刻字饰扣、经典标志压纹等。Prada 品牌追求流行简约与现代摩登结合，独特的设计体现了产品功能与优雅的气质。它早在 20 世纪 70 年代就开始使用 Saffiano 皮革，这是摩洛哥产的一种皮革，糅合了羊皮和麻。经典款杀手包选用这种材质，产品硬挺有型，表面有细密的交叉纹理，既精致又漂亮。1978 年 Miuccia 担任 Prada 总设计师，通过她的设计才华不断地演绎着挑战与创新的传奇，巧妙地将 Prada 传统的品牌理念和现代化的先进技术进行了完美结合，她寻找和传统皮料不同的新颖材质，从空军降落伞使用的材质中找到尼龙布料，以质轻、耐用为根基，推出了经典的黑色尼龙包。表 1-5 为Prada（普拉达）设计元素及其经典款式。

表 1-5　Prada（普拉达）设计元素及其经典款式

标志	图形	材质纹样	配饰
字母、萨瓦盾徽和皇家章纹	三角徽标	Saffiano 皮革、Prada 再生尼龙、绗缝皮革	字母标志、Prada 刻字饰扣、经典标志烫印等装饰
经典款式			

6.Fendi（芬迪）设计元素与经典款式

Fendi（芬迪）经典设计元素包括双F图案帆布、棕色和赭黄色条纹绒面革、双F图案压纹皮革等材质及双F字母饰扣、F字母饰扣、皮革花、小怪兽皮草配饰等。1925年，Edoardo Fendi和Adele Casagrande夫妇凭着优质产品、精湛工艺，其生产的皮件产品受到社会新贵的推崇和喜爱，迅速发展起来。1965年，Karl Lagerfeld加入Fendi，他设计了双F标志，FF指的是"Fun Fur"（有趣的皮草），成为代表Fendi的新名词，他将皮草重新切割，染上不同颜色，以精湛的工艺推出Baguette手袋系列、Solaria手袋系列。表1-6为Fendi（芬迪）设计元素及其经典款式。

表1-6　Fendi（芬迪）设计元素及其经典款式

标志	图形	材质纹样	配饰
双F字母组合	双F图案	双F图案帆布、棕色和赭黄色条纹绒面革、双F图案压纹皮革	双F字母饰扣、F字母饰扣、皮革花、小怪兽皮草配饰等
经典款式			

7.Michael Kors（迈克·高仕）设计元素与经典款式

Michael Kors（迈克·高仕）经典设计元素包括MK图案皮革，MK字母饰扣、Michael Kors锁头、卡锁、吊饰、金字塔形铆钉等配饰。Michael Kors的名声一直都在于他的传统古典、时髦、高贵，但不至于过度花哨的设计，设计师Michael Kors亦是个极简主义者。品牌新一代Jet Set理念，适应人们旅行和互联网盛行的时代，热爱快节奏生活方式和时尚着装。MK包包，经典款式设计，采用上等牛皮材质，细密的十字纹路硬挺有型，精湛的制作工艺追求完美至每个细节。表1-7为Michael Kors（迈克·高仕）设计元素及其经典款式。

8.Burberry（博柏利）设计元素与经典款式

Burberry经典设计元素包括英伦风格子、TB图案压纹皮革、TB印花尼龙等经典材质及英文饰扣、标志印花、TB饰扣、卡锁扣等配饰。英伦风格子图案成为Burberry产品的代名词，由浅驼色、黑色、红色、白色组成图纹，风格简洁大方、优雅内敛，体现了Burberry的历史和品质，甚至象征了英国的民族和文化。The Orchard灵感来自复古的旅行箱，设计上既有古典的高雅，也有现代的时尚，是Burberry手袋的经典款。2018年8月，发布了一个新标识，以字母"TB"为元素的品牌图案。"TB"是品牌创始人Thomas Burberry的开头字母。表1-8为Burberry设计元素及其经典款式。

表1-7　Michael Kors（迈克·高仕）设计元素及其经典款式

标志	图形	材质纹样	配饰		
MK字母组合	MK图案	MK图案皮革	MK字母饰扣、Michael Kors锁头、卡锁、吊饰、金字塔形铆钉等		
经典款式					

表1-8　Burberry（博柏利）设计元素及其经典款式

标志	图形	材质纹样	配饰
手拿旗子的骑士与BURBERRY	英伦风格子	TB图案压纹皮革、TB印花尼龙	英文饰扣、标志印花、TB饰扣、卡锁扣等
经典款式			

9.Hermes（爱马仕）设计元素与经典款式

Hermes（爱马仕）经典设计元素包括标志图案、Togo小牛皮、Clemence皮革、Epsom皮革等Hermes经典材质以及H金属饰扣、H彩色饰扣、锁头挂件、圆扣等配饰。Hermes整个品牌由整体到细节，都弥漫着浓郁的以马文化为中心的深厚底蕴，产品注重工艺装饰，细节精巧，大多数产品都是手工精心制作的。爱马仕凯莉包（Hermes Kelly）成名于1956年。铂金包（Hermès Birkin）诞生于1984年，为大容量皮质柔软休闲包。这款皮包独特运用了爱马仕标志性的马鞍针法缝制工艺。Constance包是以设计师女儿的名字命名的，将Hermes中的H字母巧妙地应用在搭扣上。表1-9为Hermes（爱马仕）设计元素及其经典款式。

表 1-9　Hermes（爱马仕）设计元素及其经典款式

标志	图形	材质纹样	配饰
马车、HERMES 字体	标志图案	Togo 小牛皮、Clemence 皮革、Epsom 皮革	H 金属饰扣、H 彩色饰扣、锁头挂件、圆扣等
经典款式			

10.Samsonite（新秀丽）设计元素与经典款式

Samsonite（新秀丽）经典设计元素包括竖纹铝镁合金、贝壳纹 CURV、几何菱形 PC 等材质以及再生环保材质，Samsonite 徽标、标志拉链头、密码锁等配饰。新秀丽的各款行李箱、拉杆箱、商务旅行包、背包、电脑包等及其他配套旅行饰品均实用、时尚。新秀丽有六大系列，黑标 Vintage 系列高贵典雅，是该名牌中的极品；Casual 系列有荧光色、黑色网点及磨砂银色等，以色彩鲜艳取胜；Business Case 是以深色为主的硬箱型公文包；Travel 为多种间格的旅游包，以纤维制成，没有重量负担；American Tourister 主要是面向年轻人及其家庭的平价旅行箱；Sammies 是针对儿童推出的旅游小背包，多有可爱的造型。表 1-10 为 Samsonite（新秀丽）设计元素及其经典款式。

表 1-10　Samsonite（新秀丽）设计元素及其经典款式

标志	材质纹样	配饰
英文字母与旋转四瓣花	竖纹铝镁合金材质、贝壳纹 CURV 材质、几何菱形 PC 材质、再生环保材质	Samsonite 徽标、标志拉链头、密码锁等配饰
经典款式		

实训项目作业：

选择2～3个知名箱包品牌进行探究学习，从线上线下搜集品牌资源信息制作PPT。内容包括：品牌档案、品牌设计师、品牌风格、品牌经典款式等。

LOEWE MADRID 1846	Diplomat	BOTTEGA VENETA 葆蝶家	Chloé	YVES SAINT LAURENT 圣罗兰
罗意威	外交官	葆蝶家	蔻依	圣罗兰
FURLA SINCE 1927 ITALY	DISSONA	LONGCHAMP PARIS	HONGU	……
芙拉	迪桑娜	珑骧	红谷	

任务二　箱包的种类与风格

知识点	技能点	实训项目
箱的种类； 包的种类； 箱包的风格	会区分箱的种类； 会区分包的种类； 会确定箱包的设计风格	收集20款箱包产品进行种类划分，并对产品的设计风格进行分析，制作PPT讲解交流

一、箱包的种类

在皮具行业中，箱包种类通常按照不同依据进行了不同的划分。大类分为箱和包两大类，本小节分别从箱和包的款式、材质、功能、结构、工艺等方面进行细分。

1.箱包的种类划分

我国国家质量标准中无直接对应箱包产品的标准，行业标准中，皮革工业现行标准涉及的"箱包"列在"皮件"大类中，主要指旅行箱包和各种背提包。归类中与箱包有关的有6类：公文箱（QB/T 1332—91）；背提包（QB/T 1333—2004）；家用衣箱（QB/T 1585—92）；票夹（QB/T 1619—2006）；旅行箱包（QB/T 2155—2004）；公事包（QB/T 2277—96）。

本书内容从设计的角度对箱包种类进行划分。

2.箱的种类

按材质分为真皮箱、涤纶箱、ABS&PC箱、ABS箱、硅胶箱、PP箱、锦纶箱、牛津布箱、铝合金箱等。按功能用途分为旅行箱、登机箱、行李箱、化妆箱、军用箱、医药箱等。按携带方式分为手提箱、拉杆箱等。按性别分为男士箱、女士箱。按适用人群分为青少年用箱、儿童用箱、中年用箱、老年用箱。按装饰分为单色箱、卡通动漫图案箱、压纹箱、动物造型箱等。按结构软硬分为软箱、硬箱。

通常一款箱包种类的划分是具有多重性的。图1-1分别为Diplomat（外交官）同款式不同颜色的ABS&PC硬质男士拉杆箱系列产品、尤尼沃尔科（UNIWALKER）不同款式大小和颜色的外层包PU女生行李箱系列产品、Samsonite（新秀丽）不同动物图案造型PP硬质儿童骑行箱系列产品。

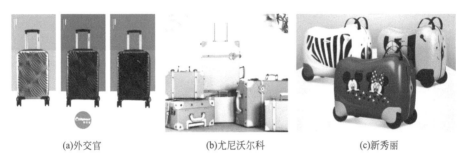

(a)外交官　　　　　　　　(b)尤尼沃尔科　　　　　　　　(c)新秀丽

图1-1　行李箱

3.包的种类

按材质分为真皮包、PU包、PVC包、帆布包、草编包、珠编包等。按功能用途分为时装包、化妆包、运动包、沙滩包、公文包、电脑包、书包、相机包、医用包、化妆包、乐器包、钓鱼包等。按性别分为男装包、女装包。按适用人群分为青少年用包、儿童用包、中年用包、老年用包。按携带方式分为单肩包、双肩包、手提包、背包、腰包、胸包、手抓包、斜挎包等。按装饰工艺分为刺绣包、珠绣包、压纹包、镂空包、拼接包等。按结构组成分为车反驳角、埋反、折边夹车、折边搭车、黏合等。

通常一款包种类的划分是具有多重性的。图1-2分别为Loewe同一款式不同配色大

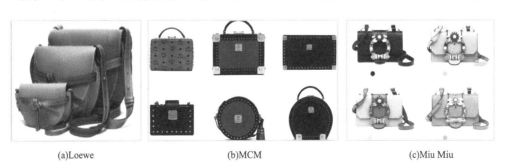

(a)Loewe　　　　　　　　(b)MCM　　　　　　　　(c)Miu Miu

图1-2　一款包的不同种类

小的三款真皮女包系列产品、MCM硬质不同造型和色彩搭配的皮革小箱包系列产品、Miu Miu花环扣饰皮革女包系列产品。

二、箱包的风格

产品设计的风格是产品独特的文化内涵。人们审美的个性化、多元化，也促进了产品设计风格的多元化发展。

箱包的风格通常分为：传统风格、都市风格、运动风格、休闲风格、前卫风格、田园风格等。另外，与服装搭配常常被称为百搭、街头/嘻哈、学院派、嬉皮士、朋克、洛丽塔、波西米亚风、中性风、淑女风格、民族风等。

1. 传统风格

传统风格是一种源自欧洲工业革命并流行于现代社会的上班族传统装束，有点复古的样式。传统风格箱包产品呈现严肃、典雅、拘谨、高贵的特征。如图1-3。

2. 都市风格

都市风格具有现代大都市生活方式典雅、浪漫的特点，其色彩素雅沉着，给人的感觉或端庄，或俏皮，或活泼。都市风格的箱包产品一般设计线条简练，装饰简洁大方。如图1-4。

图1-3　传统风格

图1-4　都市风格

3. 休闲风格

休闲风格是20世纪末以来的流行潮，它摆脱了传统、拘谨严肃的包袋样式和相对沉闷单调的色彩。休闲风格箱包产品款式多样，设计的线条活泼，细节丰富俏皮，色彩多变，艳色与素雅色彩并存，给人一种轻松祥和的感觉。如图1-5。

4. 前卫风格

前卫风格是以一些大胆，甚至怪异的设计为特征。箱包产品造型设计新奇，用色大胆、强烈。如图1-6。

图 1-5　休闲风格　　　　　　　　　　　　　图 1-6　前卫风格

5.田园风格

田园风格与都市风格相反，以传统农耕生活下的织物包袋为追求目标。田园风格箱包产品以传统织物、纹样、图案为主要元素，具有恬适、平静、可爱的特点。如图 1-7。

6.运动风格

运动风格是将运动服装的自由舒适和专业功能性与时装中的曲线修身、潮流时尚巧妙地融为一体，是近年来国际时尚界的一大热点，运动时装突出了"运动时装化"的概念。运动风格的箱包产品不拘谨，不刻板，色彩丰富，给人一种年轻、朝气、轻松的感觉。如图 1-8。

图 1-7　田园风格　　　　　　　　　　　　　图 1-8　运动风格

7.淑女风格

淑女风格箱包产品的色调典雅，多以粉色等素色为主，蕾丝与褶边元素运用其中，工艺精致，产品给人以清新甜美的感觉。如图 1-9。

8.百搭

百搭即产品风格能够与任何服装进行搭配，通常指的是颜色与款式。如黑色、灰色、白色的简约箱包造型都是百搭款。如图 1-10。

图 1-9　淑女风格　　　　　　　　　　　　　图 1-10　百搭款

9.学院派

学院派指穿衣的风格是青春学生的路线。如格子短裙配衬衫，或衬衫外套背心之类的，英式风格以风衣、格子为代表。学院派箱包产品表现为有盖子的书包、格子面料提包等。如图1-11。

10.街头/嘻哈风格

街头风格，也称为嘻哈风，是把音乐、舞蹈、涂鸦、服饰装扮等联系在一起，为20世纪90年代最为强势的一种青年风格。服装产品以宽大的运动短袖短裤、运动鞋、鸭舌帽、窄脚裤、T恤为主要特征。箱包产品特点是超大尺寸、休闲、豪放。如图1-12。

图 1-11　学院派　　　　　　　　　　　图 1-12　街头 / 嘻哈风格

11.嬉皮士风格

嬉皮士风格就是反传统，类似混搭，是青年人偏爱奇异服装和发型的叛逆风格，寻找一种非唯物主义的生活方式。嬉皮士风格箱包产品宽大随性、造型怪异、色彩艳丽。如图1-13。

图 1-13　嬉皮士风格

12.朋克风格

朋克（PUNK），是兴起于20世纪70年代的一种反当时的传统摇滚，商业摇滚的音乐形式，包含有安全别针，宽大慵懒、不规则的缝线设计，高高的黑色网眼丝袜，皮带上的大环扣，格子超短裙，黑色皮革，铆钉等朋克风格元素。朋克风格的箱包产品设计运用较多的铆钉等金属性装饰，以及机车造型的缝线等。如图1-14。

图 1-14　朋克风格

13.洛丽塔风格

洛丽塔风格是可爱少女的代名词，就是天真可爱的意思，来源于西方，指穿着超短裙、画着成熟妆容又留着刘海的女生。洛丽塔风格箱包产品分为甜美、古典、哥特式三种风格。如图 1-15。

图 1-15　洛丽塔风格

14.波西米亚风格

波西米亚风格崇尚自由，个性随意，可很好地表现女人味。箱包产品设计元素繁复、层叠、色彩艳丽，具有民族风情，常常带有流苏。如图 1-16。

图 1-16　波西米亚风格

15.民族风风格

民族风是在传承和借鉴传统少数民族服饰元素的基础上，结合现代生产、生活、社交等场合的需求而设计的产品，兼具民族元素的箱包产品，包括民族风格日常装箱包、民族风格职业装箱包等。如图 1-17。

图 1-17　民族风格

16.中性风格

中性风箱包产品线条硬朗，款式男性化，是介于男性和女性中间的风格，通常这类装束能够展现出女士英姿飒爽的一面。如图1-18。

图 1-18　中性风格

箱包产品的设计风格是品牌产品最直接展示给消费者的印象，因此如何确立品牌产品的设计风格是设计师的一项重要工作。箱包设计师需要根据产品的属性选择符合产品特色的设计风格。箱包设计师可以从用户的需求出发，在综合考虑产品设计需求及用户使用需求的基础上，通过详细了解产品基本信息和市场信息，对产品设计进行准确定位，大胆创新，在设计中融入创意，使产品拥有品牌独有的文化内涵，赋予产品独特的设计风格。

实训项目作业：

收集20款箱包产品进行种类划分，并对产品的设计风格进行分析，图文结合，制作PPT。

任务三　箱包的材料

知识点	技能点	实训项目
箱包材料种类；箱包皮革面料；箱包辅料；箱包材料的发展方向	正确选用箱包面料；正确选用箱包辅料	到箱包材料市场进行市场调研，收集面料、辅料等样板，认识各种箱包材料

一、箱包的材料种类

箱包材料指用于箱包外部及内部的材料，一般分为面料和辅料。面料包括天然皮革、PU革、PVC材料、合成革、纺织材料等；辅料包括里布、中间托衬材料、五金及配件等。

箱包材料的合理选用是箱包产品成型的关键，因此，在箱包产品设计环节中，材料的选用是至关重要的，箱包设计师必须掌握箱包材料的有关知识。

在箱包企业中，材料是按照箱包产品设计方案确定后，由市场采购人员按照设计师列出的材料使用清单进行生产前采购、保管与使用，清单中必须明确材料的品种、规格、型号、质量、数量、金额等。

箱包的材料划分种类，如表1-11。

表 1-11　箱包的材料种类

面料	天然皮革	牛皮、羊皮、猪皮、蛇皮、鳄鱼皮、鸵鸟皮、蜥蜴皮等
	非天然皮革	PU人造革、PVC人造革、合成革等
	布类	牛津布、尼龙、帆布等
辅料	里布	全棉布、全涤布、涤棉布、尼龙布、牛津布、涤纶布等
	中间托衬材料	卡纸、皮糠纸、快巴纸、海绵、杂胶、EVA回力胶、无纺布等
	五金	扣类、锁钮类、钉类、磁扣类、鸡眼、链条、拉链头、铰口、拉杆、手挽、钢片等
	配料	缝纫线、橡筋、骨芯、棉芯、织带、网布、扣子、拉链布、绳带、胶黏剂、标牌、商标、吊牌、轮子、装饰性材料等

二、箱包的主料

箱包的主料主要指面料。面料是箱包产品的主体材料，面料不但直接影响产品的外观形象，而且关系到产品的市场销售价格，在设计选用箱包面料时必须给予十分的重视。箱包设计三要素：款式造型、材料和色彩。箱包色彩和材料两个因素直接由面料来体现，而款式造型则依靠材料的柔软、挺括、厚薄、轻重等特性来体现。

1.天然皮革面料

天然皮革就是指真皮，常见的有牛革、猪革、羊革、马革等，所有天然的动物皮经过加工处理后成为原料。其优点是耐热、耐寒、耐磨、外观好、便于修复塑型等。真皮手感柔软有韧性，表面有不规则毛孔，表面光泽、纹理自然。

天然皮革按生皮原料分为牛皮、羊皮、马皮、猪皮、蛇皮、鳄鱼皮、鸵鸟皮、蜥蜴皮等。其中牛皮革又分黄牛皮革、水牛皮革、牦牛皮革和犏牛皮革；羊皮革分为绵羊皮革和山羊皮革。黄牛皮革和绵羊皮革，其表面平细，毛眼小，内在结构细密紧实，革身具有较好的丰满和弹性感，物理性能好。箱包面料以牛皮使用最多。

天然皮革按所用的鞣制方法分为铬鞣革、植鞣革、铝鞣革、醛鞣革、油鞣革。其中植鞣革、铬鞣革、油鞣革在皮具中较为常见。

植鞣革质地较硬，容易塑形，原色的可以染色，可以做皮雕，油脂含量高，密度高。擦蜡植鞣革，具有植鞣革所有特性，经过染色几乎没有原色的擦蜡植鞣革，色彩丰富且表面有一层蜡，可以做擦色效果。铬鞣革中的Togo牛皮是爱马仕使用最多的牛皮，它柔软厚实又耐磨，也叫荔枝纹牛皮；铬鞣革中的Saffiano牛皮是Prada成名皮革，硬挺有型，表面呈细密交叉的十字纹理；铬鞣革中的Epi牛皮曾作为LV的首个皮革系列面世，也称为水波纹，与上面的十字纹一样；铬鞣革中的Caviar牛皮，也叫鱼子酱牛皮，香奈儿、圣罗兰等诸多品牌使用较多，该牛皮生产商较多非定制，特性与Togo基本一样，只是纹理不同。油鞣革常见的是疯马皮、油蜡皮这两种皮料。疯马皮原材料有牛皮、马皮，颜色很多，多为蜜蜡色，有磨砂和光面两种风格，光面的柔软防皱，具有一定的防水性，磨砂面的手感绝佳，表面类似反毛皮，十分怕油怕水，难以打理。油蜡皮表面细腻有自然纹理，光下有反光光泽，背面接近疯马皮，同样怕水怕油，且易留下划痕，浅划痕可用软棉布顺着纹理方向抛光进行淡化处理。如图1-19。

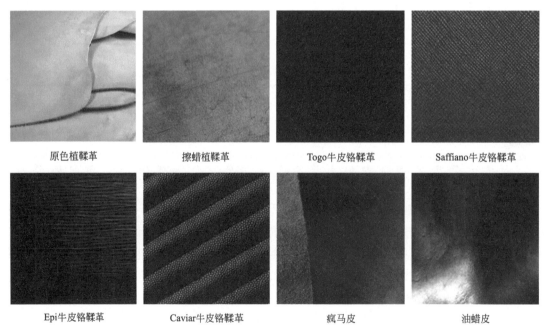

| 原色植鞣革 | 擦蜡植鞣革 | Togo牛皮铬鞣革 | Saffiano牛皮铬鞣革 |
| Epi牛皮铬鞣革 | Caviar牛皮铬鞣革 | 疯马皮 | 油蜡皮 |

图 1-19 天然皮革

天然皮革按皮剖层的层数分为头层皮、二层皮。

头层皮是把牛皮分为两层，纤维组织严密的上层部分通过加工程序制成各种不同种类的头层皮。头层皮由又密又薄的纤维层及与其紧密连在一起的稍疏松的过渡层共同组成，具有良好的强度、弹性和工艺可塑性等特点，可以制作很多的工艺品。

二层皮是牛皮的边角料打碎后，加入聚乙烯材料重新黏合而成的皮革，再经化学材料喷涂后或覆上PVC、PU薄膜加工而成。二层皮只有疏松的纤维组织层，只有在喷涂化工原料或抛光后才能用来制作皮具制品。二层皮保持着一定的自然弹性和工艺可塑性特点，厚度同头层皮一样，但二层皮偏硬，容易断裂。如图1-20。

(a)头层皮　　　　　　(b)二层皮

图 1-20　按层数分的天然皮革

天然皮革按皮革的表面状态分为正面涂饰革、亲磨砂革、正绒面革、压花革、彩印革、龟裂革等。这些皮革每一种都花样繁多，可以按照箱包设计效果任意选用。

天然皮革按使用功能还分为耐水洗革、三防革、防静电革等。

2.非天然皮革面料

箱包常用的非天然皮革面料主要有PVC人造革、PU人造革和超纤合成革。PVC人造革、PU人造革和合成革皮表面规则无瑕疵，表面亮度、纹路均匀。人造革和合成革可以根据不同强度、耐磨度、耐寒度和色彩、光泽、花纹图案等要求加工制成，其特点是花色品种繁多、防水性能好、边幅整齐、利用率高和价格相对真皮便宜。近年来，随着科学技术的发展，世界也提倡环保和可持续发展，人造革和合成革的性能不断创新，应用领域已经超过了天然皮革。

PVC人造革是用聚氯乙烯树脂为原料生产的人造革。PU人造革是用聚氨酯树脂为原料生产的人造革。超纤合成革是模拟天然革组成和结构的皮革制品。

PVC人造革面料色泽鲜艳、耐腐蚀、牢固耐用、色彩丰富、花纹繁多、价格便宜。缺点是没有透气性，容易变硬、变脆。

PU人造革面料物理性能要比PVC革好，它耐曲折、柔软度好、抗拉强度大、具有透气性，质地轻软、耐磨、保暖、手感不受冷暖变化的影响。

超纤合成革的全称是超细纤维增强PU皮革，是经浸渍的无纺布为网状层，以微孔聚氨酯层为粒面层的皮革制品。超纤合成革正、反面都与皮革十分相似，并具有一定的透气性，比普通人造革更接近天然革。

3.纺织面料

纺织面料分为天然纤维织物与化学纤维织物两大类，多用作里布，也可以用作箱包面料。箱包常用布料有尼龙、牛津布、帆布、牛仔布等。如图1-21。

尼龙是聚酰胺纤维（锦纶）的俗称，其是世界上出现最早的一种高聚物分子合成纤维，

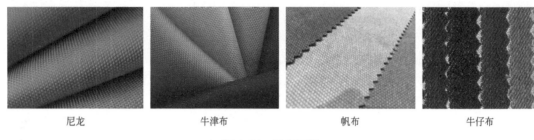

| 尼龙 | 牛津布 | 帆布 | 牛仔布 |

图 1-21　纺织面料

使用尼龙编织成织物，也就是尼龙布。尼龙布包具有质轻、防水、耐磨等特性。

牛津布是一种功能多样，且用途比较广泛的布料。牛津布是一种新型的面料，它是使用特定的工艺制作成的布，使用牛津布制作成的包，其具有良好的柔软性、防水耐磨性、透气舒适性等。

帆布是一种比较粗厚的棉织物或麻织物，其一般分为粗帆布与细帆布两大类，而使用帆布制作成的包，一般具有柔软的手感、强力、透气、耐磨、抗皱和保暖性等特点。

牛仔布是一种较粗厚的色织经面斜纹棉布，经纱颜色深，一般为靛蓝色，纬纱颜色浅，一般为浅灰或煮练后的本白纱。

4.箱用面料

箱包括硬壳箱、软箱及皮革箱三类。箱的材质各不相同，硬壳箱的材质主要就是ABS（合成树脂）、聚丙烯（PP塑料）、PC—聚碳酸酯、CURV等，从表面就可以看出来箱子的硬度；软箱主要的材质主要是用尼龙、牛津布或无纺布材质等来制作的，不同材质的性能和表现出来的样式不同；皮革箱和包的面料一样，多用牛皮、羊皮、PU皮等。

（1）硬箱面料

ABS（合成树脂）是合成树脂之一，其抗冲击性、耐热性、耐低温性、耐化学药品性及电气性能优良，还具有易加工、制品尺寸稳定、表面光泽性好等特点，容易涂装、着色，还可以进行表面喷镀金属、电镀、焊接、热压和粘接等二次加工。

ABS材质的旅行箱优点为比较硬，不易被压变形，外壳强度高，不受水、无机盐、碱及多种酸的影响，不易破损，能有效保护内装物品。ABS外观为不透明呈象牙色粒料，其制品可着成五颜六色，并具有高光泽度。缺点为价格高，重量大，携带不便，没有小型的，基本都是大型的。另外价格也比牛津布、人造革高得多。

CURV材质是一种高性能革新的硬箱材质，具有高硬度、极强拉伸力以及抗冲击能力的特点。2008年，CURV首次运用在Samsonite Cosmolite系列中，一经推出便即刻成为遨游世界的旅行家常伴身旁的不二之选，一举摘得2010年"红点设计奖"最佳设计奖，CURV技术也由此闻名于世，成为超级材质的代名词。

CURV材质旅行箱优点为密度低，具有良好的融合性，设计研究表明，这种材料能节省50%的重量；100%聚丙烯材质，100%的聚丙烯复合材料替代纤维增强材料，有显著的环保优势；完全不包含任何玻璃纤维，温和易处理，无刺激，表面光滑耐磨，无需额外的涂料；属于热成型产品，成本低；能承受高冲击强度，可提供最大程度的保护；极其耐腐蚀耐磨损，容易清洗，不需要额外的表面保护。

聚丙烯（PP塑料）是继尼龙之后发展的又一优良树脂品种，它是一种高密度、无侧链、高结晶的线性聚合物，具有优良的综合性能。未着色时呈白色半透明，蜡状。透明度也较聚乙烯好，比聚乙烯坚硬。

PC聚碳酸酯材料其实就是我们所说的工程塑料中的一种，被世界范围内广泛使用。具有优异的电绝缘性、延伸性、尺寸稳定性及耐化学腐蚀性，较高的强度、耐热性和耐寒性；还具有自熄、阻燃、无毒、可着色等优点。

（2）软箱面料

软箱面料主要有尼龙、牛津布等材质。

尼龙、牛津材质的旅行箱优点为箱子外部设计多样化，例如随手放些小物品的外兜，有延展性，相对硬箱容量大一点，箱体本身重量较轻。软箱颜色及样式多样，耐剐蹭。缺点为防雨效果不如硬箱，不易放易碎物品。目前，软箱的材质主要有尼龙、牛津布或无纺布。这些面料虽然看上去没有硬壳类的时尚，但非常耐用。

由布面结合EVA材质的旅行箱，最近十年来大受欢迎，外观感觉像硬壳箱，但是没有硬壳箱的重量，EVA材质可以实现软箱的布面立体化，可以塑造各种造型，使箱壳更富变化，可加上放大功能、拉杆和底部多滑轮，使用更轻松方便。

（3）皮革箱

皮革箱面料主要使用牛皮、羊皮、PU皮等。它属于奢侈品，优点为可彰显高端品质，华贵。缺点为华而不实，很容易刮花及破损，不易修补或修补费用较高。

箱的面料材质解析如表1-12。

表 1-12　箱的面料材质解析

箱类型图示	类型	特点
	防爆拉链万向轮PC行李箱	双轨设计，比单轨更结实耐用，不易爆裂防被撬，增强行李的保险系数，保护箱内物品。进口PC，抗摔抗压坚不可摧。SUISSEWIN TSA海关密码锁，一项重新定义的安心旅行技术，它将代替至今通用的数字锁，旅客可以安全放心办理托运。耐磨静音万向飞机轮，减震顺滑，高密度橡胶，减震降噪。加厚铝合金拉杆，抗弯曲，大颗金属拉头更有力，顺滑轨道不卡顿，合闭更自然。科技材质，3D造型流线质感，耐高温，抗划痕，防水浸
	扩展大容量耐磨商务行李箱	布局合理，科学收纳，扩展层设计。螺旋纹路设计，防滑美观，抵抗磕碰于无形。双面竖条凹槽，大大分担箱体受到冲击时的压力，多复合加厚材质，科学抗压，韧度十足。精选加厚PC材质，箱体轻，韧性十足，坚固耐用。360°橡胶静音万向轮，金属轴心旋转自如，加宽橡胶单轮，可轻松应对各种坎坷路面

箱类型图示	类型	特点
	超轻牛津布拉杆箱	采用超静音耐磨万向轮。采用超轻耐用铝合金材料，轻巧灵便更符合审美要求，菱形拉杆承受重力更强。材质采用高密度水洗牛津布，面料经过多次水洗处理，使面料密度增加50%，耐磨、防刮、防水，使用多久都不变形褪色。采用一体式提手设计，和箱子融为一体，承重力强
	瑞士军刀牛津布行李箱	经典商务牛津布款，专业多功能商务箱包。拉杆箱选用优质高密度涤纶面料，表面附防水涂层，背面防水过胶复合处理。双重防水，耐磨、耐老化、耐高温。多功能格局设置，前后皆设置了置物袋。隐形扩容空间，箱体扩展5厘米左右，但容量增加了20%左右。加厚管壁，结实坚固，铝合金材质，抗压、靓丽，两颗螺丝钉加固。定制拉链、铆钉、橡胶片，搭配标志设计，箱体五金配件全部选用高标准规格，以达到稳定坚固的品质
	镜面万向轮旅行箱	高端拉杆箱材质，具备高抗压性、高韧性、高恢复性、轻量化和颜色正等特点，150斤男子踩在上面反复跳动，箱体完好不变形。三层加强型，箱体柔韧强，成本高，抗压耐摔，环保材质。高强度加厚铝合金拉杆，三段式调节，拉伸顺滑，间隙设计有晃动感，坚固耐用。无钥匙设计，TSA海关锁国际通用，美国海关认证，安检抽查顺利过关不损箱。锌合金基座，负重力强，手感柔软不硌手
	姿旅可爱小清新行李箱	姿旅的箱子诠释出彩的旅行，时尚设计，靓丽色彩之下，对空间与力的思考缜密。每一款设计都是一种风格，一种态度。从轮子的声音到拉链的阻力，从拉杆的密度到箱体的防刮，从密码的精密到把手的舒适，都体现出对品质的追求
	商务牛津布拉杆箱	精密智能机械锁芯，嵌入式设计，安全防爆。质感铝合金拉杆，手感舒适，通过载荷连续震荡测试，强大的承重性让箱子无惧负重提拉。360°静音万向轮，韧性万向轮，转向灵活，箱体移动更轻松。隐藏式前置口袋，看似装饰，实际是隔层大口袋。口袋深至箱底，方便随时取放物品。底部插入式提手、底部勾手插口，可配合顶部手把一起，双手提箱子更好使力
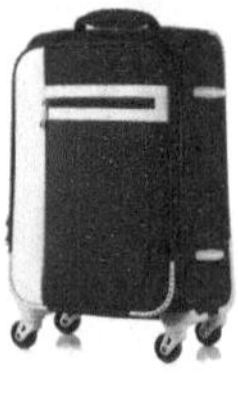	牛津布帆布行李箱	牛津布面+PU皮拼接，冬天防静电、高密度、精致防水防潮，雨天出行也不怕。精选铝制拉杆，隐藏式航空拉杆，轻巧耐用不易折断。固定三键密码锁，金属拉链头配上精致三位密码锁安全性高。顺滑静音万向轮，精致小轮锥形轮滑，特殊吸震功能，静音滑行更顺畅！合理空间分配，多层隔层设计，合理分配衣物空间，收纳更整齐

三、箱包的辅料

箱包辅料的选用是箱包设计图稿到制作成型的关键环节，每种材料的特性都决定着制作的工艺效果，熟悉辅料的种类与工艺特性是设计必备的专业能力。箱包辅料包括里布、中间托衬材料、五金、配料等。

1.里布

箱包的里布一般选用纺织布类，包括全棉布、全涤布、涤棉布、尼龙布、牛津布、涤纶布、帆布等。里布的选用通常由制版师根据箱包设计产品的设计风格、色彩、价格成本来确定。

2.中间托衬材料

中间托衬材料是从箱包外观上看不到的部分，但却是箱包产品成型过程中至关重要的材料，产品要达到不同要求的工艺效果，必须依靠不同特性的中间托衬材料来辅助完成。常用的有卡纸、皮糠纸、快巴纸、日本纸、杂胶、EVA回力胶、海绵、无纺布、钢片等。

3.五金

箱包上使用的金属制品非常多，大多数具备使用的功能性，也有部分用作装饰的金属配件。包括各种扣类、锁钮类、钉类、磁扣类、鸡眼、链条、拉链头、铰口、拉杆、手挽等。

4.配料

箱包制作过程中还有很多小部件配料的使用，包括缝纫线、橡筋、骨芯、棉芯、织带、网布、扣子、拉链布、绳带、胶黏剂、标牌、商标、吊牌、轮子等。这些小部件配料虽小却对产品的成型作用巨大，无论涉及到哪个工艺细节都是不可忽视的，科学合理地使用配料是箱包产品质量的保证。

5.装饰性配件

近年来，箱包的设计注重工匠精神，民族手工艺的传承与创新也不断地出现在箱包产品造型上，许多手工艺的装饰配件运用在箱包上，装饰性美化效果突出，产品精致优美。如珠片、水钻、花边、羽毛、毛绒、亚克力饰件等。

实训项目作业：

到箱包材料市场进行市场调研，收集面料、辅料等样板，认识各种箱包材料种类。运用样板实物或图片建立一个箱包面料与辅料样板档案文件。

任务四 箱包的造型设计

知识点	技能点	实训项目
箱包造型设计元素；功能、形状；色彩、纹理；材质；结构、配件、装饰；比例、创意方法	会运用造型设计元素设计各类箱包；会运用形式美法则进行箱包的造型设计	设计2～3个系列箱包，用草图表现造型

一、箱包的造型设计元素

产品的外部造型是其产品外部体现，又是材料和结构的外在表现，是由一定的线条、色彩、形体等在产品外部可以直接感知的物质属性所构成的整体。一件新产品的产生是设计师的创造性活动，既是集功能与审美为一体的设计构思，也是产品造型新形式的产生过程。

箱包设计和服装设计一致，主要体现为三大关键因素：款式、色彩和材质。我们这里把箱包造型设计元素细分为功能、形状、色彩、纹理、材质、结构、配件装饰、比例、创意方法、流行趋势等方面。

1.功能

箱包产品设计不仅要注重实用功能和审美功能，还要注重对产品象征功能的体现。不同箱包有不同的功能用途，人们出行场合、不同需求的携带方式、装载物品的大小、与服装的搭配、颜色、心理情感等因素都会制约箱包的功能，其造型设计必须与之相适应，并且要求使用方便安全。包的不同携带方式和搭配，如图1-22。

图1-22 包的携带方式和搭配

2.形状

箱包形状也就是箱包的款式外形，基本形状有长方形、正方形、梯形、圆形、半圆形、六角形等。随着人们审美的发展变化，箱包的形状有了更多的组合变化，有几何抽象形状，也有像卡通动物等具象形状，还有部分消费者喜欢一些变异和破缺的形状。在箱包领域有一些经典的款式叫法，诸如机车包、水饺包、铂金包、凯莉包、戴妃包、法棍包、水桶包等，还有一些不规则形状的包，如图1-23。

图 1-23　包的形状

3.色彩

大自然有无数的色彩，对皮具行业来讲，黑色、棕色和红色是最为经典的颜色。自艺术家们开始大肆渲染各自的杰作史后，皮具行业才注意到这个问题。到20世纪80年代，越来越多的都市人喜欢上自然界的色彩。随着科技的发展，这些色彩已被广泛应用到各行各业。1997年，五彩缤纷的设计风靡全球，自此之后，颜色变化愈演愈烈，一发不可收拾，不但赤、橙、黄、绿、青、蓝、紫全部登场，还有它们的边缘色和混合色的几千种变化也大放光彩。近几年更出现了金属色、珍珠色、荧光金属混合色、双色、五色和各种古香古色等许多迷人的色彩。图1-24为Loewe品牌箱包系列的色彩设计。

图 1-24　Loewe 品牌箱包系列色彩设计

4.材质

材质是指皮具的材料质量、质地和品种的综合，是皮具设计的要素之一。皮革是皮具制品的主要材料,它包括真皮、再生皮和人造革,每一种材料均有其不同的特性和强度,直接影响到工艺效果和部件的技术处理方法以及耐用程度。图1-25为Hermes不同材质的铂金包系列。

图 1-25　Hermes 不同材质的包

5.纹理

纹理包括材料本身的花纹和人工纹理。早期的皮具制品多为真皮的粒面效果,纺织材料体现在布纹以及布料上印刷的图案。现代出现的各种人造革,应用了更多自然界事物中的纹理,还不断创新设计出各种几何纹理、科技图案等创意纹理。2019年11月7日,迪奥于上海展览中心举办Dior Lady Art#4——艺术家限量版,Dior Lady经典手袋款与许多艺术家合作展出了不同的表面纹理装饰设计,如图1-26。

图 1-26　Dior Lady 不同纹理装饰设计

6.结构

结构是指一个制品的外部和内部部件通过各种方式的有机组合,这里则指箱包、手袋等用不同工艺制作出具备装置一种或多种物件的各种构造。它反映一个制品的工艺特色，同时也反映一个制品的使用功能和性能。对每一种结构，都可以使用实用性和装饰性两种设计方式。实用性结构指主袋外部的插袋或附袋，内部的隔层或某种特殊装配；装饰性结构则只为设计本身的需要，并不具备实用性。如图1-27。

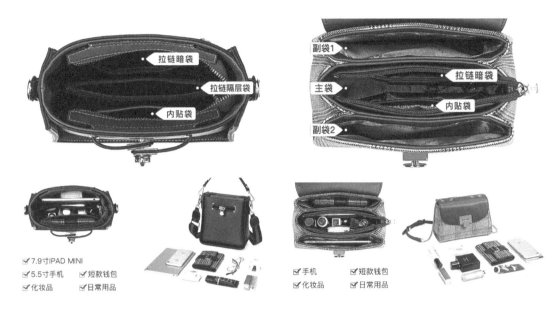

图 1-27　包的结构

7.比例

箱包产品的系列款式、构成部件以及配件之间都有一个相对稳定的尺寸设定，存在不同的比例关系，始终要保持一种形式美的法则。如图1-28。

8.设计创意

设计创意是将富于创造性的思想、理念以设计的方式予以延伸，呈现与诠释的过程或结果。品牌产品的设计创意是为企业不断创造财富的根源，需要科技创新和观念创新两方面。包括新观念、新理念、新思维、新方法。在箱包设计中常用的设计创意方法有：发散性思维法、形体变化设计法、仿生设计法、复古设计法、系列设计法、反向设计法、变更设计法、联想设计法、结合设计法、夸张设计法和加减设计法等。图1-29为学生采用发散性思维法设计的箱包作品。

图 1-28　包的不同比例

图 1-29　学生创意作品

9.设计趋势

随着社会的发展，科技、材料、工艺等发生了巨大的进步和变化，人的需求观念也在变化，箱包的设计也必须紧跟时代发展的脚步，找准设计创新点。目前，可从以下几个方向来进行箱包设计，包括轻量化设计、低碳设计、人性化设计、交互式设计等。

（1）轻量化设计。研究开发高强度的新材料和优化箱体结构，不仅减少材料用量，而且使得箱包产品更结实更轻便。如新秀丽（Samsonite）最新推出的Cosmolite旅行箱系列，它采用的是一种具有革新意义的高性能材料Curv®，即高强度聚碳酸酯，其令本系列产品坚固耐用却又轻便灵动。

（2）低碳设计。低碳环保理念在现时的设计语境中比以往任何时候更加受到推崇和重视，"低碳"逐渐渗透到人们生活的每一个角落，成为当今全球的流行时尚，引导着各行各业设计师们的设计思维。箱包产品材料的选用应尽量考虑天然纤维面料或者可循环利用的材料，还有拉杆箱的滚轮容易磨损，这些部件在设计时可以考虑更换，延长产品的整体寿命，间接地减少碳排放。

（3）人性化设计。例如可以在背包、拉杆箱、婴儿汽车安全座椅之间进行功能转换的多功能背包设计，使得非日常使用的旅行箱单一携带物品的功能实现扩展，增加产品的日常使用频率，避免长期闲置。

（4）交互式设计。旅行箱产品的款式创新设计所受到的制约因素较多，其款式设计主要体现在前盖、拉杆、把手和滚轮等几个局部的样式、色彩、材质的变化和组合上。设计价值不仅仅在于突破生产与成本的限制，最大程度实现产品个性化，设计师还要引入更高层次的交互设计理念，让用户可以根据自己的想法设计个性化产品。比如设计随时可更换包袋前盖的图案，将个人情感进行一种符号表达，使原本一成不变的旅行箱包被赋予生命，与消费者形成一种对等关系，实现了易用、愉悦的使用体验。

二、设计形式在箱包设计中的应用

设计形式是指艺术设计的构成形式，是艺术设计造型、创意的基础，包括平面构成、色彩构成、立体构成。形式美法则，是人类在创造美的形式、美的过程中对美的形式规律的经验总结和抽象概括。主要包括变化与统一、对比与调和、比例与尺度、对称与均衡、节奏与韵律。在箱包产品设计中应用这些规律与法则，将感性的设计因素与理性的设计思维结合起来，运用形式美的法则表现美的箱包产品，可达到美的形式与美的内容高度统一。

1. 变化与统一

变化与统一又称多样统一，是形式美的基本规律。任何物体形态总是由点、线、面、三维虚实空间、颜色和质感等元素有机组合而成为一个整体的。变化是寻找各部分之间的差异、区别，统一是寻求他们之间的内在联系、共同点或共有特征。没有变化，则单调乏味、缺少生命力，没有统一，则会显得杂乱无章、缺乏和谐与秩序。在箱包设计中，各部件之间的设计元素既要有丰富的变化，又不能显得零乱，要保持统一的设计格调，如图1-30。

图1-30　包的变化与统一

2. 对比与调和

对比与调和是相对而言的，没有调和就没有对比，它们是一对不可分割的矛盾统一体，也是取得图案设计统一变化的重要手段。对比是两个并列在一起的极不相同的事物的相互比较，可以形成对比的因素有很多，诸如曲直、黑白、动静、隐现、厚薄、高低、大小、方圆、粗细、亮暗、虚实、红绿、刚柔、浓淡、轻重、远近、冷暖、横竖、正斜等，对比可以形成鲜明的对照，在对比中相辅相成，使造型主次分明，重点突出，形象生动，但是过分的对比，会产生刺眼等感受。调和是对造型各种对比因素所作的协调处理，使产品造型中的对比因素互相接近或有中间的逐步过渡，从而能给人以协调、柔和的美感。对比与调和是相辅相成的。箱包设计的主料与配料合理搭配形成对比关系，运用色彩和肌理形成活泼生动的对比，如果两者之间对比过度强烈，可以用五金配件、油边颜色等调和处理，如图1-31。

图 1-31　包的对比与调和

3.比例与尺度

比例是指产品造型各部分之间的大小、高低、长短、宽窄等方面的对比关系。尺度是指产品的整体或局部、局部与局部之间的数量关系。任何一件功能与形式完美的产品都有适当的比例与尺度关系，比例与尺度既反映结构功能又符合人的视觉习惯。比例与尺度关系在一定程度上体现出均衡、稳定、和谐的美学关系。箱包产品设计中比例与尺度的设定对造型效果非常重要，必须符合一定的比例与尺度的秩序和规律。箱包的比例、尺寸大小的设计首先是遵循人们使用箱包功能性的基本要求，形成一定的对比关系，然后又遵循设计的美学原则和形式规律产生的产品。如图1-32。

图 1-32　包的比例与尺度

4.对称与均衡

对称又称对等，是形式美法则之一。对称是指事物中相同或相似的形式要素之间，相称的组合关系所构成的绝对平衡。均衡也称平衡，是指在造型艺术作品的画面上，不同部分和造型因素之间既对立又统一的空间关系。对称是均衡法则的特殊形式。当均衡中心两边的分量完全相同时，也就是视觉上的重量、体量等感觉完全相等时，必然出现两边形状、色彩等要素完全相同的情况，也就是规则的镜面对称。对称在箱包产品设计中最常用，即产品造型左右两边的造型元素完全相同。均衡则表现为产品造型左右两边的造型元素不相同，但在视觉上却不会产生失去平衡的感觉。均衡的最大特点是在支点两侧的造型要素不必相等或相同，它可以有设计元素的变化，形式表现自由，打破了对称所产生的呆板之感，使产品造型活泼、生动、丰富。大多数的箱包产品设计为左右对称的形式。不过在现代青年人追求个性产品的需求下，也产生了很多不对称的设计，这类型的箱包造型独特，也能够运用设计元素达到视觉的平衡。如图1-33。

图1-33　包的对称与均衡

5.节奏与韵律

节奏与韵律原本是音乐领域或者诗歌领域的概念，后来被延伸到了艺术设计形式领域，它是指将产品各个造型元素合理地组合，使其体现出一种重复性的节奏以及起伏变化的规律。节奏与韵律主要体现在主次、交错、起伏等方面。在箱包产品设计中，节奏的美感主要是通过线条的粗细、长短变化，色彩的明暗、层次，形体的大小、高低等因素做有规律的反复、重叠，引起欣赏者的生理感受，进而引起心理感情的活动。韵律是把一个设计元素进行周期性的律动做有组织的变化或有规律的重复。箱包设计中形式和色彩的变化有很多，巧妙地运用一些交错与起伏规律，都会形成一定的节奏和韵律。如图1-34。

图1-34　包的节奏与韵律

实训项目作业：

运用造型设计元素和形式美法则，设计草图表现2～3个系列主题的箱包造型。

任务五　箱包设计与流行时尚产品

知识点	技能点	实训项目
流行时尚产品种类；流行时尚产品；流行时尚元素在箱包设计中的应用	能敏锐感受流行时尚产品；会应用流行时尚元素设计箱包产品	运用流行时尚元素设计2～3个系列箱包产品，色彩稿表现

一、流行时尚产品

近年来，越来越多的品牌企业与各界艺术家合作推出联名款产品，举办艺术展，跨界发展已是必然趋势。人们开始越来越重视生活品质，艺术家与品牌的合作为品牌带来更大的市场发展前景，促近了艺术与各产品领域的合作，树立了品牌文化与品牌个性，并渗透到大众的社会生活当中。

流行时尚产品包括人们生活中使用的生活用品以及生活感受的相关产品，如服装、香水、内衣、首饰、鞋包、妆容、发型、美甲、餐饮、交通工具、家居、家纺、环境等。

在全球化的今天，手袋、箱包、珠宝、服饰等流行时尚产品的品牌企业，纷纷通过与艺术合作或艺术赞助等形式与其他艺术产品跨界合作，推出限量版产品当作艺术品进行营销。品牌产品举办很多艺术展，常用的方式就是邀请几位艺术家围绕一个共同的主题创作，配合品牌文化理念设计产品进行共同陈列。如Gucci的"已然/未然"展览就是如此。以"何谓当代"为主题，邀请了七位艺术家阐述介于"已然"和"未然"之间的状态，很自然地将品牌设计融入展览中。香奈儿则推出了"流动艺术馆"这一构思独特的艺术展示形式。近年来在全球巡回展出的"文化香奈儿"展，将启发设计师创作灵感的艺术品、Chanel经典设计以及反过来以Chanel为灵感创作的艺术产品摆在一起，让参观者能直观地感受到其他艺术产品与Chanel之间的紧密联系。优衣库的T恤与艺术结合，频繁地与全球设计师和艺术家合作，从2008年开始推出艺术家设计的UT系列，将优衣库提升为个性化的时尚潮牌。MCM四十周年时与德国当代艺术家托比亚斯进行合作，对品牌经典造型进行了大胆而精妙的全新演绎，以MCM经典logo为蓝本，通过黑白双色对比和抽象化的处理方式，创作出MCM dazzle camouflage迷彩图案。除了托比亚斯之外，MCM还与意大利的佩鲁凯第、中国的高瑀等当代艺术家合作，创作出一系列充满个性化艺术气息的设计产品。

品牌产品跨界艺术的方式就是与艺术家合作，推出限量款商品，这已经在时下成为一种潮流，很多品牌根据自身特点，打造了各具特色的艺术跨界方式。箱包设计可从其他流行时尚产品的设计中吸收设计灵感，运用不同领域的产品设计元素，提升品牌产品艺术与文化的内涵。如表1-13。

表1-13　不同领域的产品设计元素

产品领域	典型产品案例	设计元素表达
服装		Valentino 2019 秋冬系列邀请四位诗人共同打造了一系列诗意与爱意十足的设计。以爱为名，秀场背景音乐是抒情的诗歌朗诵，两个拥抱着亲吻的雕像图案和玫瑰花图案遍布在连衣裙、外套等大部分款式中，从最直观的角度诠释爱

续表

产品领域	典型产品案例	设计元素表达
首饰		三款鸡尾酒戒指：火蛋白石、红碧玺及翠绿橄榄石，镶饰闪烁晕彩的半透明宝石，光影的漫射，充满了惊喜、奇趣，更引人注目
鞋服		20世纪60年代风情的色块拼接，缤纷的几何色块被大胆地拼接和重组，渗透于各式成衣、手袋及鞋履设计中，演绎出复古而前卫的波普几何风情，灵动摩登
家纺		罗莱家纺与故宫合作推出了暖阳春信系列，采用中国传统的龙凤、祥云元素，呈现一派祥和之气，寓意美好。别具民族个性的设计，加入浪漫典雅的古典元素，融合了传统与现代的魅力
家居		几何元素是永不落伍的时尚潮流元素，几何元素表现了数学的美，它不受任何时代特征和风格限制。渐变蓝色的几何墙身设计与地上的菱形地毯相互呼应，柠檬黄＋水天蓝＋几何元素装点，让室内更加有活力
内衣		主题冬日仙境维多利亚的秘密内衣，灵感来自《冰雪奇缘》，在一片雪白中加入了许多民族元素——从流苏和超长吊饰，再到毛茸茸的翅膀和绑带罗马鞋，衬托出了万种异域风情
香水		花之舞（Flora by Gucci）和竹韵（Bamboo），灵感均来自于Gucci的经典设计元素，分别是绚丽花朵和竹节
发型		夸张的手法展现了发型的创意造型，曲线流动的两个圆洞，突出的射线形发尾造型充满了张力

续表

产品领域	典型产品案例	设计元素表达
妆容		不同肤色的模特脸部妆容用鲜艳的色彩来突出某个细节，使沉静的气质散发着一些生动的活力
美甲		这两款美甲设计以千鸟纹和牛油果为主题，运用了千鸟纹的图形元素和牛油果的色彩，创新性进行了形式美的变化和协调搭配成系列展现
餐饮		美食是让人感到幸福、充满希望的事物。一餐美好的盛宴取决于食材的颜色、光泽、味道，盛食器的选用与搭配等。美食呈现色彩明亮、饱和感强、干净整洁，让人充满食欲
环境		商场服饰空间购物环境，粉紫色调的霓虹灯光营造的氛围，浪漫舒适，让人的状态不自觉地放松了
交通工具		流线型的自行车和小汽车设计，造型结构除了满足基本的功能性之外，色彩明亮，款式时尚，具有强烈的动感和科技感

二、 流行时尚元素在箱包设计中的应用

　　流行时尚产品元素涉及了生活的方方面面，形式多种多样、丰富多彩。各个箱包品牌的设计师们应通过秀场、流行趋势网站、杂志、前沿市场等渠道，以最快速度敏锐抓住这些讯息，在保留品牌经典设计元素（标志、标准色、图形、材质、配饰等）的基础上进行产品的创新设计，选取自己品牌合适的流行设计元素应用其中，策划下一季新产品开发方案，并尽快生产出产品投入市场销售。

1.LV（路易·威登）箱包产品设计元素应用

Louis Vuittton（路易·威登）推出的2020年秋冬男装箱包将嘻哈文化无缝植入。Neverfull系列手袋设计主题元素选用了牛仔服的丹宁色彩，与Monogram图案重叠交错，运用帆布的质感和层次，搭配红色皮革配料、手挽、肩带和吊牌，精致的工艺细节、丹宁色调，传承设计并释放新颖潮流气息，体现着产品的品质。另一个Monogram帆布系列运用植绒将帆布这个经典材质进行了改变，把老花部分用明亮配色的植绒来替代，选用黄色和蓝色两种明亮的颜色，给人视觉上很强的冲击，好像形成了裸眼3D效果。Louis Vuitton箱包系列产品设计元素的应用如图1-35所示。

图 1-35 LV 箱包设计元素的应用

2.Chanel（香奈儿）箱包产品设计元素应用

Chanel（香奈儿）2019秋冬系列包将滑雪场缆车融入包的设计中。老佛爷Karl Lagerfeld的最后一季，万众瞩目，将大皇宫变身皑皑白雪覆盖的雪乡雪场，车身是经典菱格纹，车顶是双C标志，外面是Chanel出品的滑雪杖滑雪板，和真实的缆车一样侧开门，透明窗户上还有雾气写成的各种标识，非常精致可爱。2020春夏款蓝紫色渐变色调的盒型化妆包和圆形链条零钱包，选用斜纹软呢与小牛皮，搭配金色金属，典雅精致。2020春夏款绚丽多彩的盒型化妆包和圆形链条零钱包，选用彩色PVC与小羊漆皮，搭配银色金属，为品牌带来了艳丽的色彩，充满了梦幻仙气。2020春夏款深蓝色绒面小羊皮翻盖斜挎包和小号抽绳包，运用麂皮效果山羊皮与金色双C标志、金属链条搭配，色彩选用鲜艳的深蓝色与桃红，拼缝的菱格形毛边，简约时尚。Chanel箱包系列产品设计元素应用如图1-36所示。

图 1-36　Chanel 箱包设计元素的应用

3.Gucci（古驰）箱包产品设计元素应用

Gucci（古驰）2016春夏SYLVIE系列是Gucci特别标志性的一款手袋，代表了Michele的浪漫主义美学，尤其是特色的罗缎肩带元素，撩起了多少女孩们的少女心，款式有红、白两种主色调，搭配了蓝红蓝三色织带以及装饰性金属锁链，增加了现代都市感。2018早秋OPHIDIA系列手袋在以前款式的基础上，加入金色金属双G标志、红绿红三色织带以及叠印手绘花朵设计，复古又不失时尚。包袋兼具了复古韵味和当代街头的感觉。2019春夏Gucci Zumi系列手袋以白色为主色调，加入了草莓印花图案、马衔扣、互扣式双G组合标识，手袋款式设计兼具了摩登轮廓和实用性。产品系列包括手提包、迷你和中号肩背包到水桶包。Gucci箱包系列产品设计元素款式应用如图1-37所示。

图 1-37　Gucci 箱包设计元素的应用

4.Dior（迪奥）箱包产品设计元素应用

Dior（迪奥）箱包产品中Oblique老花图案系列以倾向积极乐观且有趣的时尚风潮为主旨，蓝色Dior斜纹提花帆布和CD扣。Book Tote推出了大、中和迷你多个尺寸。2020春夏Book Tote这款托特包推出了不同尺寸大小的多种花色款式，并将Oblique刺绣帆布进行了全新的升级和改造，不仅丰富了老花的配色，刺绣图案也呈现出了多样的设计主题元素。除了正面都饰有"Christian Dior"英文标志为共同形式以外，有的采用精致的桃红色刺绣牛皮革，搭配狮子动物图案；有的应用白色和黑色千鸟格图案；还有的用长颈鹿图案。工艺方面有的应用手工剪裁流苏，有的应用迷彩图案等，但所有产品都依然体现了Dior品牌的美丽典雅、时髦且富有女性魅力的品牌内涵，经久不衰又现代时尚。Dior箱包系列产品设计元素款式应用如图1-38所示。

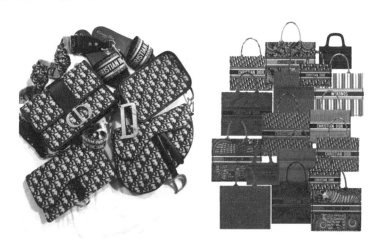

图 1-38　Dior 箱包设计元素的应用

5.Prada（普拉达）箱包产品设计元素应用

Prada（普拉达）2019早春款Sidonie系列，宛如一位等待被发掘的女主角，设计元素与Prada 2000春夏女装系列中的原版手袋相呼应，曲线美学、人体工程学廓形设计等经典元素得到重释，保留了复古的流线型包型，选用Saffiano皮革材质，造型元素设计了皮质翻盖、搭扣、饰带、金属刻字徽标、金属环和可滑动式金属链条肩带等。这款手袋的工艺细节进行了升华，但依然彰显了Prada熟悉的简约又摩登的气质。2020早春时装秀上推出Prada Bowling皮革手袋"Sincere Chic"系列，这款手袋堪称20世纪中期配饰设计的完美写照，具有悠久传承的记忆。该系列采用Prada标识性廓形打造，现代主义设计美学的流线型轮廓，让人联想到经典的汽车底盘。Prada箱包系列产品设计元素款式应用如图1-39所示。

图 1-39　Prada 箱包设计元素的应用

6.Fendi（芬迪）箱包产品设计元素应用

Fendi（芬迪）2020秋冬新款Peekaboo手袋更是Fendi无可替代的经典，全新的风琴轮廓，配备了笑脸弧度的开口，光滑皮革和珍稀皮革的可替换内袋清晰可见。Vintage的法棍包运用了未来科技风格，扁平盒子状的绗缝拼接金属、反扣的包扣、安全绳的抽绳完全打破了我们对经典和常规的认知，还有做旧的复古公文包款的Baguette有点老派的味道。这一季新皮件和配饰推出的科技系列，由Charlotte Stockdale和Katie Lyall设计的伦敦配饰品牌Chaos和Fendi合作打造。一组挂在腰间的迷你装备，包括从金色网纱编织手机袋，到FF孔饰珠宝盒、智能耳机外壳和智能手表钥匙链。Fendi箱包系列产品设计元素款式应用如图1-40所示。

图1-40　Fendi的箱包设计元素的应用

7.Michael Kors（迈克·高仕）箱包产品设计元素应用

Michael Kors（迈克·高仕）2020春夏箱包新款产品改变了惯用MK金属标志做品牌产品装饰的风格，应用皮革压纹MK图案，还运用了年轻科技感的荧光黄色，以棋牌格和英文字母印花等形式创新设计，让人对品牌产品耳目一新。Whitney棋盘格皮质手提包，采用挺括的顶部手柄造型，搭配棋盘格印刷图案，配有可拆卸肩带，两侧翼状角撑令整体设计更为干练精致。Rhea Zip荧光文字印刷相机包和双肩包，选用黑色光滑皮革为底色，印刷三种不同大小的荧光黄Michael Kors文字密集排列，形成鲜明的对比，有些街头感，为都市风格赋予新创意。同时，箱包结构轻盈，巧妙搭配锁扣、皮质流苏、拉链配饰，也彰显了精湛工艺。Greyson老花撞色双肩包平铺MK字母印花，黑白、蓝黑两款撞色设计，呈现强烈视觉冲击，皮革材质使得这款双肩包兼具运动性与正式感。Sloan Editor单肩包系列，选用了黑、珍珠灰、石榴红与白色皮革搭配，采用细腻皮革制作，装饰性的金属铆钉点缀，包身造型圆润饱满。Michael Kors箱包系列产品设计元素款式应用如图1-41所示。

图 1-41　Michael Kors 箱包设计元素的应用

8.Burberry（博柏利）箱包产品设计元素应用

Burberry（博柏利）2019春夏推出多款帆布包系列，从大容量到小收纳包一应俱全。The Belt包大容量的设计，柔软棉质帆布和优雅的倒梯形线条，搭配皮带设计，轻便精致；Horseferry Cube中型手袋包造型工整方正，棕色皮革饰边与米色帆布的搭配，加上圆弧棱角的设计，带点复古的运动包风味；Title迷你斜挎包款，采用精致顶部金属杆设计，装饰Horseferry英文印花、独特的侧边风琴结构以及三粒铆钉开合；TB Bag经典的豆腐块包型简约轻巧，为年轻女士的最爱；Two-Tone双色帆布拼皮革口袋包，硬挺的方形手提包很像文件袋，自带学院风；而双色调帆布皮革Pocket包可以说是这次系列最具趣味的设计，一体成形的皮革手把与造型，加上前方突起的立体小袋，有点书包的方正感，又有年轻潮流的气息。2020春夏Burberry Lola新款手袋系列产品选用意大利鞣制羔羊皮材质匠心打造，装饰Thomas Burberry专属标识，搭配精美的链条背带，可单肩背或斜背造型。颜色有黑、白、红、黄以及黑白、红黄等对比色的款式。Burberry箱包系列产品设计元素款式应用如图1-42所示。

图 1-42　Burberry 的箱包设计元素的应用

9.Hermes（爱马仕）箱包产品设计元素应用

Hermes（爱马仕）2020年年度开篇主题展览——匠·新在北京呈现，以2020年春夏新品系列诠释其对创新与传承的理解，勾勒一段关于手工艺与时光造物的旅程。以Bolide1923为原型重塑的彩虹版手袋款，以条状皮革拼接出缤纷色彩，令人想起正午阳光，也呈现出朦胧暮光。Bolide1923-45小牛皮手袋以摩托车和赛车服为灵感，纵贯手袋表面的H字样在设计师的解构下令人想起象征极速的赛道；背后则是多年卓越皮革拼接工艺的结晶。Chaîne d'ancre Barénia 小牛皮手袋开创全新的柔美风格托特包，设计以皮革切割与拼接、构建锚链线条，搭配可拆卸真丝小包，成为夏日松软沙滩上的点睛之笔。插画师Gianpaolo Pagni跨界设计了束绳布袋，以其代表性的几何形印章重组解构Hermes英文中的每个字母，运用夏日多种亮色设计出全新印花图案。Hermes箱包系列产品设计元素款式应用如图1-43所示。

图1-43　Hermes 箱包设计元素的应用

10.Samsonite（新秀丽）箱包产品设计元素应用

Samsonite（新秀丽）2020春夏推出跨界合作系列Samsonite X Diesel，其设计、材质独一无二，更加贴合旅行者的使用需求。箱体外观以渐变透明的亮彩流行色元素设计，富有冲击力的对比色外观，从底部的纯黑色，渐变为透明色，搭配箱内别致的亮黄色网眼衬里，营造出渐变的透明度，达到一部分公开，彰显个性潮流的效果，一部分保护隐私，保护自我。内部工艺以网格结构作为内里，让储物更加井然有序；可拆卸抽绳双肩包，便捷灵活；黄色上下网布拉链隔层，时尚透气；X型束衣带，可轻松固定物品。精致箱体搭配时尚流行亮彩黄细节点缀，联名Logo，精致轮座，优质拉杆等，细节之处彰显品牌时尚。Samsonite箱包系列产品设计元素款式应用如图1-44所示。

图1-44　Samsonite 箱包设计元素的应用

实训项目作业：

运用流行时尚元素设计2～3个系列箱包产品，色彩稿表现。

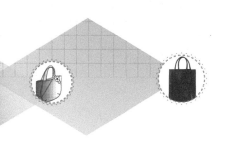

项目二
箱包产品设计表达及工艺制作

 任务一 　　**箱包设计手绘表现**

知识点	技能点	实训项目
箱包的线稿造型表现； 箱包的结构特征表现； 箱包的材质表现； 箱包的色彩效果表现	会用线稿表现箱包造型； 会用结构表现箱包造型； 会用材质表现箱包造型； 会用色彩效果图表现箱包造型	手绘线稿表现箱包造型12款； 手绘效果图表现箱包造型12款

一、造型的表现技法

　　箱包的造型主要是指对箱包外部整体结构特征的表现。箱包设计师需要熟练地手绘表现技法来表达设计思维，包括草图表现和款式图表现，可以运用速写、白描等勾线的手绘形式快速表现箱包造型。

1. 手绘勾线笔的选用

　　手绘勾线工具多种多样，常用的快速表现箱包造型的有针管笔、秀丽笔等。针管笔是勾勒轮廓线的一种绘制工具，针管笔笔头分为硬头和软头两种，型号有0.1～1.0 mm多种，可以根据不同笔头大小来勾勒粗细不同的线条，灵活表现箱包造型不同的结构和轮廓粗细效果。秀丽笔是一种书

1.造型的表现技法

法笔，俗称软笔，分为大楷、中楷和小楷三种，其笔头柔韧有弹性，可以根据用力大小和笔锋的变化画出不同粗细的线条，粗细之间的变化顺畅自然。如图2-1。

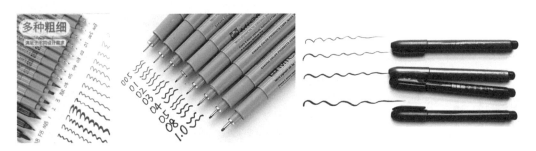

图 2-1　手绘勾线笔

2.箱包造型手绘线稿表现

运用速写绘画形式来表现箱包造型，造型逼真，有立体感。手绘表现技巧以造型为主，辅助画出一点点明暗关系来突出箱包的立体结构。如图2-2。

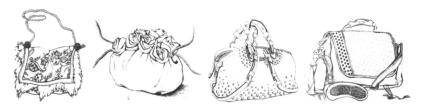

图 2-2　速写手绘线稿

运用白描绘画形式来表现箱包造型，线条顺畅、变化丰富、轮廓清晰。手绘表现技巧以线造型为主，通过外部轮廓和内部细节线条的粗细表现箱包结构造型。如图2-3。

图 2-3　白描手绘线稿

二、工艺细节表现技法

箱包产品的工艺细节是一款箱包造型的精髓，包括箱包外部的缝制工艺、装饰工艺以及五金配件等，体现着箱包造型特征和制作工艺要求。

1.箱包工艺细节

箱包外部的结构造型由各部件之间不同的连接关系组合成型，这些组合包括的内容很广，如外部缝制工艺的线迹，装饰部件的各种不同工艺、各种扣具、拉链、链条、五金配件等，这些工艺细节的表现是箱包产品设计表达清晰度的关键因素，也为后期的制作工艺提供了原始的构思。

2.工艺细节表现技法

2.箱包工艺细节表现技法

不同种类的箱包工艺、细节表现技法不同，如缝制的线迹，编织、褶皱、拼接、镶钻等装饰部件，各种金属扣具、拉链、链条配件等，分别采用不同的手绘方式来表现不同部件及工艺的造型特征。如图2-4。

图 2-4　细节表现技法

三、材质表现技法

材料的质感是通过产品表面特征给人的视觉和触觉的感受，以及心理联想和象征意义。箱包产品的质感主要指对面料图案、肌理等材质的表现。箱包面料使用较多的是皮革材料、纺织面料以及各种配饰品，它们各自具有不同的材质特征。

1.箱包产品的材质

箱包产品造型手绘表达逼真的效果要靠面料材质来表现，箱包使用的皮革材料、纺织面料以及各种配饰品种类繁多，面料上具有不同的图案、肌理等材质特征。

2.箱包产品的材质表现技法

箱包的材质表现，要找准面料不同的材质特点，如皮革材料的毛孔、纹理、光泽的天然质感，纺织面料的不同纤维特征、色彩搭配、图形图案，以及各种配饰的不同材质。这些材质的表现包括色彩、纹样、光泽感、软硬度、粗糙度、层次、穿插、点缀、对比等各种材质肌理，需要选用合适的手绘工具来综合表现。如图2-5。

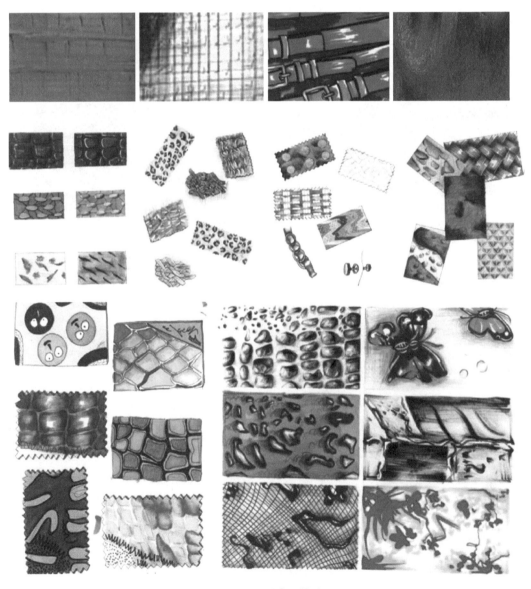

图 2-5　材质表现技法

四、色彩效果图表现技法

色彩效果图是箱包产品设计的核心部分，是设计构思变成产品的中间环节，准确的造型和色彩表现是工艺制版的前提。手绘效果图可以选用彩铅、马克笔、水彩、色粉等多种色彩工具来表现箱包的彩色效果。

1.色彩效果图工具选用

箱包色彩效果图常用的表现工具有彩铅、马克笔、水彩、色粉等。

彩铅是指用彩色颜料而非石墨所制作的一种绘图铅笔。这种铅笔与普通铅笔的制造方法相同，即颜料与黏土黏合料混合。有多种品牌的彩色铅笔可供选择，供应的颜色也十分广泛。彩铅分为油性彩铅和水溶性彩铅两

4.色彩效果图表现
技法

种。油性彩铅效果较淡，简单清晰，大多可用橡皮擦去，有着半透明的特征，可通过颜色的叠加，呈现不同的画面效果，是一种较具表现力的绘画工具。水溶性彩铅有两种功能，没有蘸水前和不溶性彩色铅笔的效果是一样的。水溶性彩铅的使用技法是把画出的色彩用水晕染开，达到水彩透明的效果，其颜色非常鲜艳亮丽，色调柔和。如图2-6。

图 2-6　彩铅

马克笔又名记号笔，是一种书写或绘画专用的绘图彩色笔，适合快速绘图，包括油性马克笔、酒精马克笔和水性马克笔。油性马克笔快干、耐水，而且耐光性相当好，颜色多次叠加不会伤纸，柔和。酒精性马克笔可在任何光滑表面书写，速干、防水、环保，可用于绘图、书写等。酒精性马克笔主要的成分是染料、变性酒精、树脂，其墨水具挥发性，使用完需要盖紧笔帽，要远离火源并防止日晒。水性马克笔颜色亮丽有透明感，但多次叠加后颜色会变灰，容易损伤纸面，用蘸水的笔在上面涂抹的话，效果跟水彩类似，有些水性马克笔干掉之后会耐水。马克笔两端笔头一般都设计有方头和圆头两种功能。马克笔使用广泛、色彩丰富、便于携带、不限纸材，是快速手绘上色表现的首选工具。如图2-7。

水彩颜料的透明特性使水彩绘画透明和灵动。通过水色的结合，干湿浓淡变化，画面会产生随机性及肌理效果，形成奇妙的变化关系，产生透明、酣畅、清新、淋漓、梦幻等视觉效果，具有很强的表现力。水彩笔有平头、圆头和棱形头等多种，可根据绘画内容来挑选适合的画笔。如图2-8。

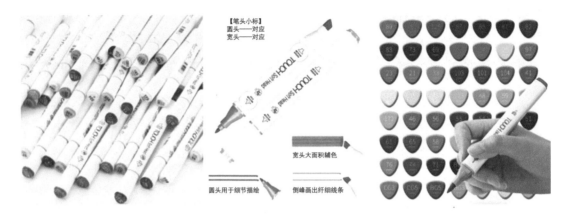

图 2-7　马克笔

图 2-8　水彩颜料

色粉是干性的彩色粉笔，可以在纸或布上直接绘画，用手指或者自制纸笔在画面上调配色调，利用色粉笔的覆盖性能细腻地表现色调变化而使画面产生丰富的色彩效果。色粉画既有油画的厚重又有水彩画的灵动，且做画便捷，绘画效果独特。如图2-9。

2.箱包的色彩效果图工具表现技法

彩铅画是通过不同的笔触和用笔力度来控制的，包括排线法、平涂法、水溶法三种方法。排线法是将彩铅的笔触进行有秩序排列的用笔方法，手绘笔触的力度、间距可以灵活运用；平涂法是用笔力度均匀地将画面涂满，简单易掌握，使用最多；水溶法选择水溶性的彩铅先画出底色，然后用蘸水的水彩笔在画面上涂抹，不同的颜色会相互融合，呈现水彩画的效果。彩铅手绘表现的箱包色彩效果图作品，如图2-10。

图 2-9　色粉　　　　　　　　　　　　图 2-10　彩铅手绘图

　　马克笔的圆头和方头笔尖使绘画笔触变化多样，常用笔触法和平涂法。笔触法用笔比较自由、放松、灵活，画面产生自然留白的部分，常用来表现有光泽的皮革和金属的高光部分；平涂法就是使用马克笔的一种笔触重复排列直接将画面涂满的方法。马克笔的线条硬朗，色彩没有覆盖性，使用时用笔需肯定，避免在一个局部停顿和重复导致色调不协调。马克笔手绘表现的箱包色彩效果图作品，如图2-11。

　　水彩画分为干画法和湿画法，干画法容易控制，是将所用颜色直接涂在画纸上的画法，一遍颜色干后还可以重叠上色补充或者做一些色调变化，画面色彩层次丰富，形状结构清晰；湿画法是将纸张先涂一遍清水浸湿后再开始进行着色，湿画法对水分的控制要求比较高，绘画时需要一定的经验来把控，但这种画法效果丰富柔和，色彩层次过渡自然，是表现一些自然肌理纹样的常用方法。水彩手绘表现的箱包色彩效果图作品，如图2-12。

图 2-11　马克笔手绘图　　　　　　　　　　图 2-12　水彩手绘图

　　色粉画不需要专用的画笔，而是用手指、纸卷或棉花棒等在画面上直接晕染出柔和笔触的一种绘画表现形式。色粉可以表现出油画的厚重典雅，也可以画出水彩的细腻清新。运用技法包括厚涂法、混色法、色粉晕染法、擦除法、遮挡留白法、涂鸦法、薄涂法、羽化涂色法、平行笔触法、点画法等。色粉与蜡笔、粉笔非常类似，使用方法灵活多样，非常容易掌握。色粉手绘表现的箱包色彩效果图作品，如图2-13。

图 2-13　色粉手绘图

3.箱包设计主题系列的色彩效果表现

箱包设计师经过产品开发调研，有了设计构思和设计方案后，通过色彩效果图的表达来呈现未来产品的造型、色彩、材质等，设计师会根据不同的产品效果选择不同的色彩工具来表现。箱包设计主题系列的色彩效果表现方案：i5亲子装、齿时齿克、圣诞套装、蒲公英，如图2-14～图2-17所示。

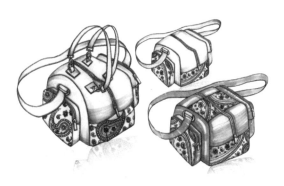

图 2-14　i5 亲子装主题系列

[设计说明："i5"品牌与亲情同行，以倾听每个家庭的时尚需求和生活理念为己任，将卓越的品质融入到简雅的艺术情调中，集时尚和潮流于一身，有着系列化的款式与各种趣味性的搭配组合，设计亮点——"生命之树"菩提树叶的形状，代表了生命与永恒]

图 2-15　齿时齿克主题系列

[设计说明：灵感来源于蒸汽朋克，运用齿轮和铆钉来表现朋克风格，它是集两种用途的包包，主要用黑色的面料，其次是金黄色的皮料]

图 2-16　圣诞套装主题系列

[设计说明：本系列手袋设计运用服装的褶皱设计元素与圣诞红色调相结合，表现喜庆、端庄、典雅之风格]

图 2-17　蒲公英主题系列

[设计说明：灵感来源于蓝天下飘散的蒲公英]

实训项目作业：

自定设计主题，用线稿手绘表现箱包造型12款；用效果图手绘表现箱包造型12款。

任务二　箱包设计电脑效果图表现

知识点	技能点	实训项目
电脑绘图软件Photoshop表现箱包效果图技法；电脑绘图软件illustrator表现箱包效果图技法	运用Photoshop电脑绘图软件来表现箱包效果图；运用illustrator电脑绘图软件来表现箱包效果图	用Photoshop电脑绘图软件表现箱包效果图6款；用illustrator电脑绘图软件表现箱包效果图6款

一、运用Photoshop表现设计效果图

> 　　Adobe Photoshop，简称"PS"，是由Adobe Systems开发和发行的图像处理软件。Photoshop主要处理以像素所构成的数字图像，具有强大编修与绘图功能，能有效地进行图片处理与编辑工作，包括图像、图形、文字、视频、排版等方面。Photoshop辅助设计表现产品效果图是箱包设计师必备的职业技能，熟练地运用Photoshop各种绘图工具表现箱包的造型、款式、材质效果图，能提高设计师设计构思、款式设计、面辅料设计、色彩搭配等工作效率，快捷展示产品效果。

1. 运用Photoshop绘制箱包电脑效果图的表现技巧

5.运用Photoshop
表现设计效果图

　　启动Photoshop后，就进入Photoshop的工作界面了，包括标题栏、属性栏、菜单栏、图像编辑窗口、状态栏、工具箱、控制面板七个部分。

　　标题栏，位于主窗口顶端，最左边是Photoshop标记，右边分别是最小化、最大化/还原和关闭按钮。

　　属性栏，又称工具选项栏，选中某个工具后，属性栏就会改变成相应工具的属性设置选项，可更改相应的选项。

　　菜单栏，菜单栏为整个环境下所有窗口提供菜单控制，包括文件、编辑、图像、图层、选择、滤镜、视图、窗口和帮助九项。Photoshop中通过两种方式执行所有命令，一是菜单，二是快捷键。

　　图像编辑窗口，中间窗口是图像窗口，它是Photoshop的主要工作区，用于显示图像文件。图像窗口带有自己的标题栏，提供打开文件的基本信息，如文件名、缩放比例、颜色模式等。如同时打开两个图像，可通过单击图像窗口进行切换。

　　状态栏，主窗口底部是状态栏，由三部分组成：①文本行，说明当前所选工具和所进行操作的功能与作用等信息。②缩放栏，显示当前图像窗口的显示比例，用户也可在

此窗口中输入数值后按回车来改变显示比例。③预览框，单击右边的黑色三角按钮，打开弹出菜单，选择任意一个命令，相应的信息就会在预览框中显示。其中，文档大小表示当前显示的是图像文件尺寸，左边的数字表示该图像不含任何图层和通道等数据情况下的尺寸，右侧的数字表示当前图像的全部文件尺寸；文档配置文件，在状态栏上显示文件的颜色模式；文档尺寸，在状态栏上将显示文档的大小（宽度和高度）；暂存盘大小，已用和可用内存大小；效率，代表Photoshop的工作效率，低于60%则表示计算机硬盘可能已无法满足要求；计时，执行上一次操作所花费的时间；当前工具，当前选中的工具箱。

工具箱，工具箱中的工具可用来选择、绘画、编辑以及查看图像。拖动工具箱的标题栏，可移动工具箱。单击可选中工具，属性栏会显示该工具的属性。

有些工具的右下角有一个小三角形符号，这表示在工具位置上存在一个工具组，其中包括若干个相关工具。点击左上角的双向箭头，可以将工具栏变为单条竖排，再次点击则会还原为两竖排。

控制面板，共有14个面板，可通过"窗口/显示"来显示面板。按Tab键，自动隐藏命令面板、属性栏和工具箱，再次按键，显示以上组件。按Shift+Tab，隐藏控制面板，保留工具箱。

箱包设计效果图运用Photoshop辅助设计表现，一般都会有常用的工具技巧，包含图片美化、图片处理、抠图、图片合成等处理图像的技巧，和色调、材质的填充编辑。其中，形成了一些使用最广泛的快捷表现箱包效果图的技巧和流程。比如通过导入不同造型和款式线稿，选取不同的区域填充颜色或者材质，可以快速将款式线稿转化为设计效果图。

以一款手提星球手袋为例，运用Photoshop的辅助设计表现流程为：导入款式线稿、选择红色区域填充、贴入激光紫色部分材质、贴入星球细节装饰、填充袋口五金渐变颜色，最后画上缝线工艺的线迹细节，如图2-18～图2-22。

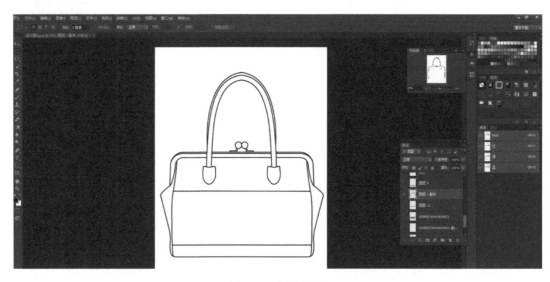

图 2-18　导入线稿

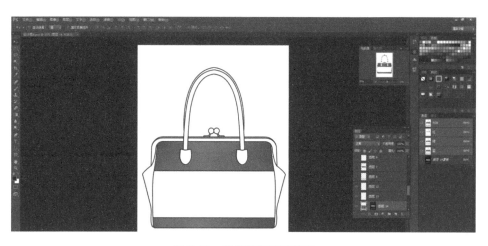

图 2-19　选择红色区域填充

图 2-20　贴入激光紫色部分材质

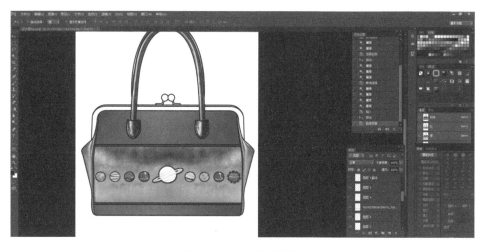

图 2-21　贴入星球装饰

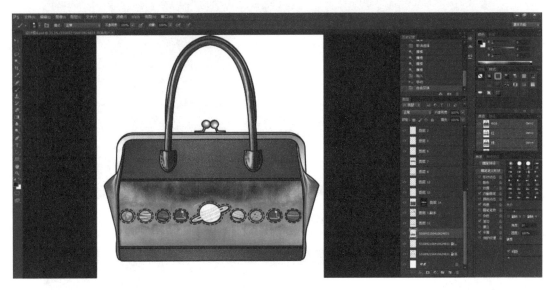

图 2-22　填充袋口五金

2.箱包设计主题系列Photoshop电脑效果图表现

箱包设计师常在实际工作中运用Photoshop电脑色彩效果图的表达来呈现产品明确的造型，清晰的色彩，逼真的材质效果等。用Photoshop色彩效果图表现的箱包产品设计主题系列设计方案：困兽、悉尼歌剧院、女人如花、返牛仔，如图2-23～图2-26。

图 2-23　困兽主题系列

[设计说明：设计灵感为呼吁保护动物，采用皮草与金属的碰撞，寓意被困起来的动物]

图 2-24　悉尼歌剧院主题系列

图 2-25　女人如花主题系列

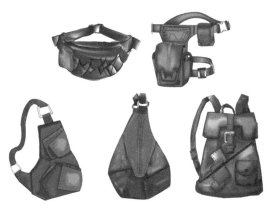

图 2-26　返牛仔主题系列

[设计说明：以"美国西部精神"为主要灵感，根据真正美国西部牛仔需要而设计，实际而不浮夸，充分展示美国西部牛仔的粗犷、豪迈而内敛的感觉。还在包之中加入了w的曲线，使其更有特色]

二、运用illustrator表现设计效果图

Adobe illustrator是一种应用于出版、多媒体和在线图像的工业标准矢量图的软件，作为一款非常好的图片处理工具，Adobe illustrator广泛应用于印刷出版、海报书籍排版、专业插画、多媒体图像处理和互联网页面的制作等，也可以为线稿提供较高的精度和控制。illustrator辅助设计表现产品效果图是箱包设计师必备的职业技能，熟练地运用illustrator各种绘图工具表现箱包款式图，能提高设计师设计构思、款式设计、色彩搭配等工作效率，快捷展示产品效果。

1.运用illustrator绘制箱包电脑效果图的表现技巧

Adobe illustrator作为全球最著名的矢量图形软件，具有强大的功能和体贴用户的界面。它是一款专业图形设计工具，提供丰富的像素描绘功能以及顺畅灵活的矢量图编辑功能，能够快速创建设计工作流程。它最大特征在于钢笔工具的使用，使得操作简单功能强大的矢量绘图成为可能。它还集成文字处理、上色等功能，所谓的钢笔工具方法，在这个软件中就是通过钢笔工具设定锚点和方向线实现的。在一开始使用的时候会不太习惯，需要一定时间的练习；但是一旦掌握以后就能够随心所欲绘制出各种线条，并直观可靠。它与位图图形处理软件Photoshop有类似的界面，并能共享一些插件和功能，实现无缝连接。

6.运用illustrator
表现设计效果图

箱包设计效果图运用illustrator的辅助设计表现，一般习惯选择使用钢笔工具最强大的功能来绘制款式线稿，然后进行填充编辑，在相应的部分填充颜色或者贴入皮革等材

质，形成了一套快捷表现箱包效果图的技巧和流程。以一款棕色皮质的手提袋为例，运用
illustrator的辅助设计表现流程为：用钢笔工具画款式线稿、描边、贴入皮革材质、画出五
金、叠加填充明暗关系渐变色，最后勾勒缝线工艺的线迹等细节，如图2-27～图2-30所示。

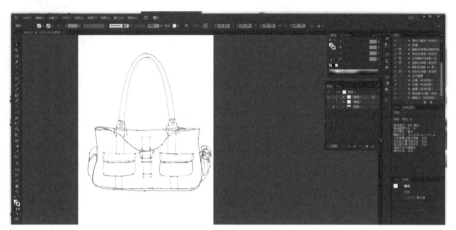

图 2-27　画款式线稿

图 2-28　描边

图 2-29　贴入皮革材质

图 2-30   画五金、叠加填充渐变色

2.箱包设计主题系列 illustrator 电脑效果图表现

箱包设计师常在实际工作中运用illustrator电脑色彩效果图的表达来呈现产品清晰的线稿款式、明确的色调、逼真的材质和工艺细节效果等。用illustrator色彩效果图表现的箱包产品设计主题系列设计方案：童年记忆、格子的诉说、狗狗之家、齿时齿克，如图2-31～图2-34所示。

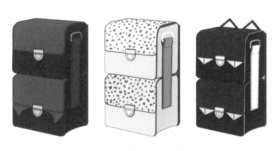

图 2-31   童年记忆主题系列

[设计说明：本系列背包用黑猫警长的概念来体现设计的灵感。黑猫主题款是运用黑白对比，简化的猫眼睛和耳朵造型装饰。另外两款为延伸设计，主题小红猫是运用黑红对比色，以及小时候吃的零食趣多多为灵感设计的造型]

图 2-32   格子的诉说主题系列

[设计说明：本款包的设计灵感来源于蒙德里安经典的格子画，蒙德里安是风格派运动幕后艺术家，蒙德里安曾在画纸上画过他的代表作"几何格子画"。而本款包是在皮上画出他的格子画，并结合现代箱包的款式，利用独特的手工染制，传统的手工缝线，将过去与当代结合，用独特的手工制作诉说蒙德里安的经典]

图 2-33　狗狗之家主题

[设计说明：以狗狗头像为灵感来源，运用不同包款来表现，生动而有趣]

图 2-34　齿时齿克主题系列

实训项目作业：

　　自定设计主题，用Photoshop电脑绘图软件表现箱包效果图6款；用illustrator电脑绘图软件表现箱包效果图6款。

任务三　箱包的结构设计

知识点	技能点	实训项目
箱包的结构； 箱包的实用性结构； 箱包的装饰性结构； 箱包结构图的画法	会设计箱包的结构； 会设计实用性结构； 会设计装饰性结构； 会绘制箱包结构图	绘制6款箱包结构图，并标注尺寸大小、配料和细节工艺

一、实用性结构设计

　　箱包结构设计是指将包体外部和内部部件通过各种方式有机地组合在一起，来呈现箱包的结构。不同的箱包结构工艺制作出具备装置多种部件的各种构造，它反映一个制品的工艺特色，同时也反映一个制品的使用功能性和审美性，这些结构分为实用性和装饰性两种设计方式。

　　实用性结构设计是指具有功能性部件结构的设计。

1.实用性结构

箱包的实用性结构指箱包造型外部的主体结构、插袋、盖头、附袋等，以及内部的隔层、特定的设置和功能性的装配。

2.箱包实用性结构设计示例

7.实用性结构设计

在箱包产品销售时，常通过不同角度展示箱包的实用性结构。图2-35为Longchamp（珑骧）女士大容量轻便百搭纯色、红色可折叠托特包。

国家地理NG AU 5350双肩摄影包，单反相机防水功能包，如图2-36。

图 2-35　实用的托特包　　　　　图 2-36　防水双肩摄影包

仟诗娜Chance love中国风新娘喜庆红色竖款首饰盒兼化妆箱，可旅行携带，如图2-37。

图 2-37　喜庆首饰盒兼化妆箱

TITAN德国拉杆箱Spring炫彩系列渐变绿、万向轮男商务旅行硬箱，可扩展大小，如图2-38。

图 2-38　TITAN 拉杆箱

二、装饰性结构设计

装饰性结构设计是指不具有功能性而具有审美性部件结构的设计。

8.装饰性结构设计

1.装饰性结构

箱包的装饰性结构指箱包造型外部只为设计审美的需要，并不具备实用性的装饰性结构以及装饰配件。

2.箱包装饰性结构设计示例

箱包产品销售时，常通过不同角度展示箱包的装饰性结构。以下为箱包装饰性结构设计的实例，Gucci Kids' Tote儿童包，在Gucci经典老花图案上加了蝴蝶结、动物形状装饰元素，如图2-39。

图 2-39　儿童包

FION（菲安妮）时尚潮流的多功能迷你流苏拉链小怪兽系列女背包，运用了皮草，动物的眼睛、耳朵、嘴巴、手脚等装饰造型元素，如图2-40～图2-43。

图 2-40　小怪兽系列（1）

图 2-41　小怪兽系列（2）

图 2-42　小怪兽系列（3）

图 2-43　小怪兽系列（4）

 结构设计图画法

箱包产品结构图是展示产品的造型、结构和工艺的图示，是打版师出格的依据，产品的不同角度视图、产品尺寸大小、比例关系、主辅材料的配置、缝制工艺、五金配件、装饰细节等都应该通过结构图的绘制表达出来。

1. 箱包产品结构设计

箱包产品结构设计是产品功能性设计的关键环节，包括造型尺寸大小、主辅材料的配置、各部件之间的比例关系、各种部件之间的缝制工艺、五金的选用、不同的装饰工艺细节等。

2. 箱包产品结构图画法

箱包产品结构图是连接产品的款式图到产品工艺制作之间的桥梁性图示，也是打版师依据出格的标准性图示。箱包结构图的绘制包括产品的不同角度视图、尺寸标注、材料搭配、五金配件等。如图 2-44～图 2-54。

图 2-44　结构图（1）

图 2-45　结构图（2）

图 2-46　结构图（3）

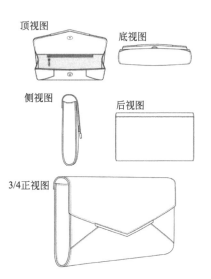

图 2-47　结构图（4）

图 2-48　结构图（5）

图 2-49　结构图（6）

图 2-50　结构图（7）

图 2-51　结构图（8）

图 2-52　结构图（9）

图 2-53　结构图（10）

图 2-54　结构图（11）

3.箱包产品结构图板单

　　箱包企业在产品的制作过程中都会制订统一的板单表格，板单上面包含产品结构图的绘制，需要绘制出清晰表达产品的角度和细节，还包括制作工艺必须呈现出的正面、背面、侧面、底部、顶部、五金细节等。在结构图上要标注产品尺寸，并填写材料、配件等信息。如图2-55、图2-56。

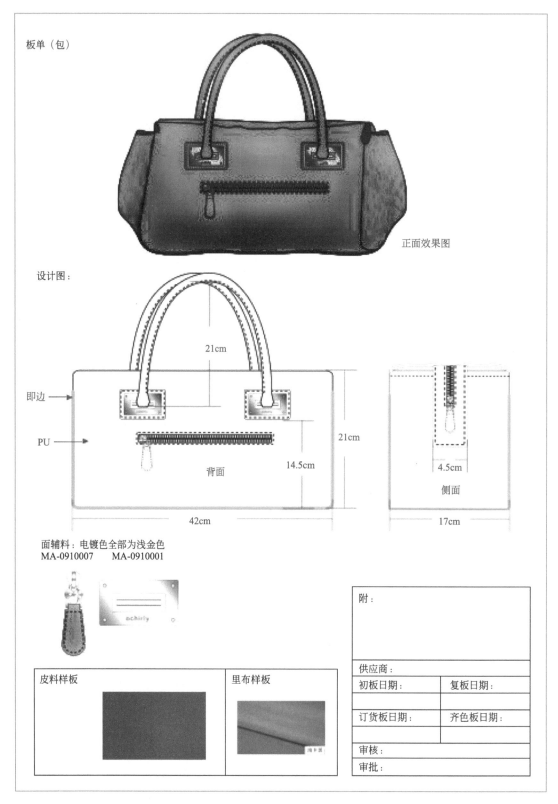

板单（包）

正面效果图

设计图：

21cm

即边

PU

背面

21cm

14.5cm

42cm

侧面

4.5cm

17cm

面辅料：电镀色全部为浅金色
MA-0910007   MA-0910001

附：

供应商：

初板日期：　　　　　　　复板日期：

订货板日期：　　　　　　齐色板日期：

审核：

审批：

皮料样板

里布样板

图 2-55　结构图板单（1）

图 2-56 结构图板单（2）

实训项目作业：

绘制6款箱包结构图，并标注尺寸大小、配料和细节工艺。

任务四　　箱包的部件设计

知识点	技能点	实训项目
箱包的部件； 箱包的外部部件名称； 箱包的内部部件名称； 箱包的中间部件名称	会设计箱包的外部部件； 会设计箱包的内部部件； 会设计箱包的中间部件	标注3～5款不同结构的箱包部件名称

一、外部部件名称

箱包的部件包含箱包外部、内部和中间部分的托辅料。

箱包的外部部件是箱包产品外观可以看到的部分，是箱包产品外观设计的主要内容。外部部件包括前幅、后幅、横头、底、盖头、内帖、后幅拉链窗、单肩带、前幅标志、外部插袋、五金部件以及装饰配件等。

9.外部部件名称

1. 箱包外部部件名称

不同的箱包造型款式，部件数量和配置也不相同，皮具行业在长期的发展中形成了一些惯用的部件名称。在设计与产品制作时，明确的部件名称便于设计师与工艺师描述和实施这些部件的制作工艺，便于清晰有效地沟通。

面料部分部件名称与释义，如表2-1。

表 2-1　面料部件名称

部件名称	释义	图示
前后幅料	也叫扇面，指手袋前后主体部件	
大身料	前后幅与底是一个整体的部件	
大身围料	指侧面与底部连接在一起的整个部件	

续表

部件名称	释义	图示
侧围料	指箱包侧边的长方形或者梯形的部件	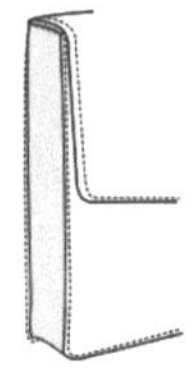
横头料	也叫堵头、墙子，指手袋的侧面部件	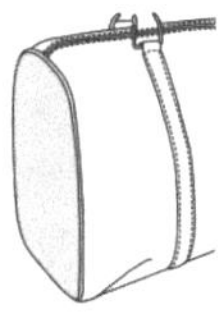
横头围料	指在横头周围与前后幅之间向内深入的立体结构部件	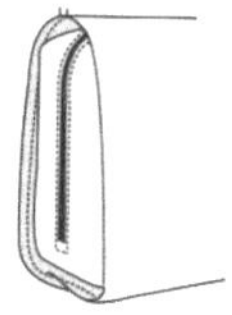
底料	是箱包的底部件	
内贴料	指各种箱包的内袋口部件	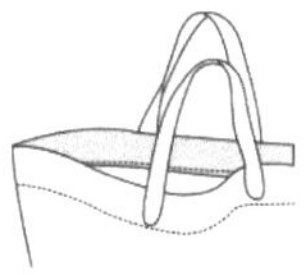
链贴料	指缝在拉链布两边的部件	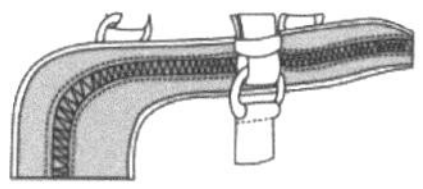
底围料	指大身下部的构件，可延伸到侧面，与底部相连	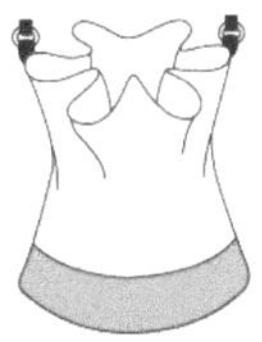
贴料	指箱包的装饰性部件和减少开料损耗的一种手段。具体名称可以根据其所在位置来称谓，如前、后、左、右、上、中、下、底贴，内贴，横头贴，横头围贴，大身围贴等	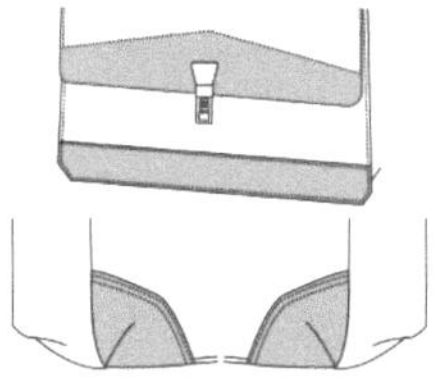
耳仔料	用来固定方扣、D扣、铁圈夹，连接肩带、手挽的小部件	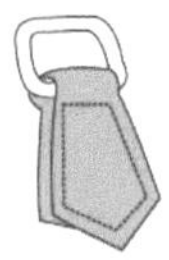

部件名称	释义	图示
外袋	指一切装在手袋外部的一些小插袋	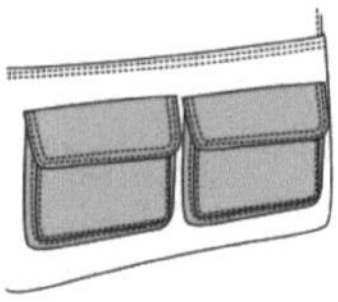
风琴袋	指箱包的侧面部分像手风琴的形状，袋内可设一个或若干个中格	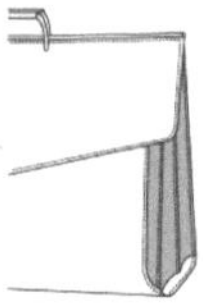
拉链窗	指在箱包的内部和外部袋口使用拉链的开关设置	
肩带料	指用来提、挎、背等手袋用的部件，有固定、活动、单、双等各种设计形式	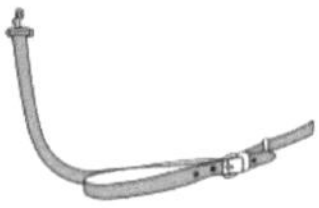
手挽料	指用来提箱包的部件，有单提和双提，中高在 10 ～ 15cm 之间	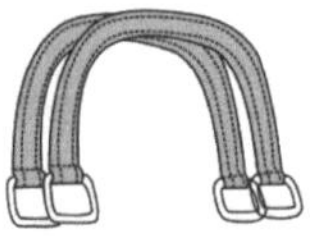
提把	指各种箱包的提手部，有金属、塑胶和皮制等多种	
盖头料	箱包的盖子，盖头有底面之分，上为盖面料，下为盖底料	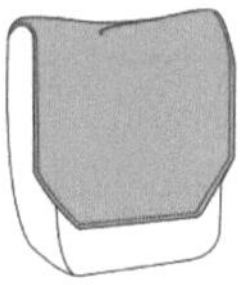
俐仔料	像舌头的带状形式的小部件，能代替盖头或针扣来固定结构的部件	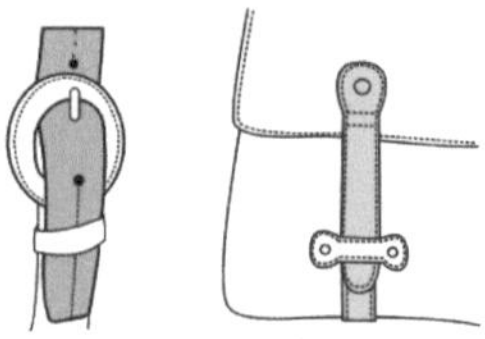
包边料	是指部件边缘是毛边时，在其边缘包上一定宽度皮料的一种工艺	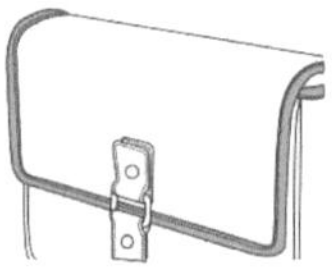
束绳料	指用在箱包袋口绳束料上面起固定袋口伸缩作用的部件	

续表

部件名称	释义	图示
链尾料	指缝在拉链布两头使拉链布不会散开的部件	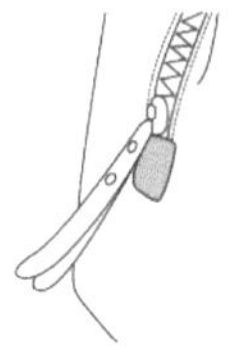
拉牌	指拉链头吊在尾部的部件	
介子	像戒指一样的圆环部件。用来固定俐仔、耳仔等部件	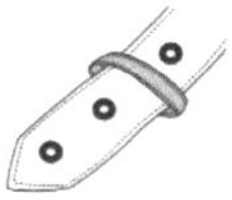

五金配件是箱包产品上的点睛设计，一件好的箱包产品，要看其是否准确选择了与产品设计搭配的五金配件。五金配件也有多种分类和名称，如表2-2。

表 2-2 五金配件的分类和名称

类别	名称
扣类	针扣，方扣，圆环，日字扣，拉芯扣，D扣，O型扣，工字扣，钩扣，锁匙牌，匙圈，侧夹等
钉类	撞钉，空心钉，螺丝钉，脚钉，奶嘴钉等
钮类	磁钮（大、小、厚、薄、影形、撞钉式），急钮（常用四号、五号），车蓬钮（四号、五号），四合扣
锁类	密码锁，插锁，钥匙锁，拧锁，按锁钮
铰链类	平口铰，重叠铰，弹簧铰，六角铰
其他五金	五金唛，拉链头，链尾五金，包角五金，码角，金属手挽肩带头五金，铁管，拉杆

另外，还有一些为审美性设计的装饰配件，这些配件为箱包产品的外观增添艺术设计气息，也是品牌产品不断进行创新的研发目标，常用的包括运用刺绣、蕾丝、水钻、珠片、羽毛、毛绒、亚克力等材料制作的图形图案的装饰配件。

2.箱包外部部件工艺标注

箱包外部部件设计形式多种多样，它把箱包的功能性与审美性结合起来，使箱包产品呈现出不同的结构款式效果。马鞍包、波士顿包、腰包、风琴包、拉杆箱的不同部件设计及箱包外部部件标注示例，如图2-57～图2-61所示。

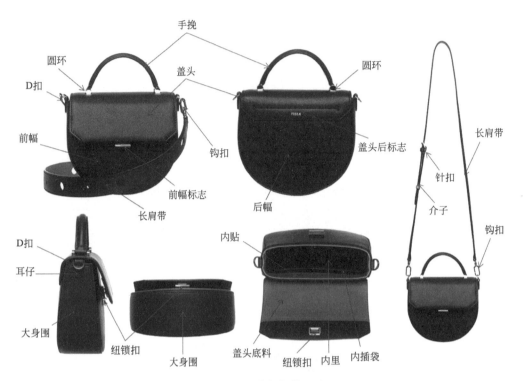

图 2-57　马鞍包部件设计

图 2-58　波士顿包部件设计

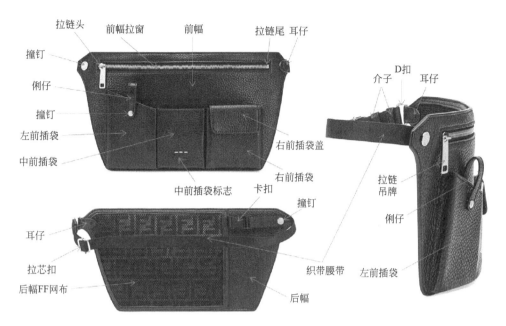

图 2-59　腰包部件设计

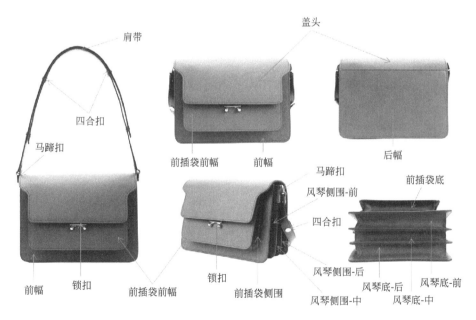

图 2-60　风琴包部件设计

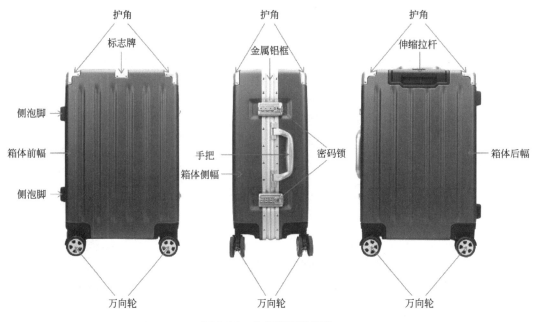

图 2-61　拉杆箱部件设计

二、中间部件名称

箱包的部件包含箱包外部、内部和中间部分的托辅料。

中间的托辅料部分是消费者看不到的部分，但它是箱包制作工艺的精髓，选用不同的中间托辅料对箱包产品的外观会产生非常大的影响，特别是定型箱包产品的中间托辅料的作用非常重要，对产品造型的关键支撑作用是必不可缺的。

中间托辅料包括杂胶、皮糠纸、回力胶、PC 胶板、双面杂胶、海绵、无纺布等。

1. 箱包中间部件名称

箱包中间部件是箱包外部部件内侧粘贴的一层或者多层衬料，用来辅助不同设计要求的箱包产品的成型。中间部件材料分为多种不同材质和厚度规格，常用的有杂胶、皮糠纸、回力胶、PC 胶板、双面杂胶、海绵、珍珠棉、棉芯、无纺布、纸皮、日本纸、橡皮筋、弹簧骨、胶骨等。中间部件名称与释义，如表2-3。

10.中间部件名称

表 2-3　中间部件的名称及释义

部件名称	释义
底托料	指箱包底部面料内部粘贴的辅料，根据不同的造型要求粘贴不同材质和厚度的杂胶、回力胶、PC 胶板，双面杂胶等
底加强纸	指箱包底部面料内部粘贴的不同材质和厚度的纸皮、皮糠纸、日本纸等

部件名称	释义
前后幅托料	指箱包前后幅面料内部粘贴的辅料，根据不同的造型要求粘贴不同材质和厚度的杂胶、回力胶、双面杂胶、海绵、珍珠棉、无纺布等
侧围托料	指箱包侧围面料内部粘贴的辅料，根据不同的造型要求粘贴不同材质和厚度的杂胶、回力胶、双面杂胶、无纺布等
横头贴料	指箱包横头面料内部粘贴的辅料，根据不同的造型要求粘贴不同材质和厚度的杂胶、回力胶、无纺布等
内贴托料	指箱包内贴面料内部粘贴的辅料，根据不同的造型要求粘贴不同材质和厚度的杂胶、回力胶、无纺布等
盖头托料	指箱包盖头面料内部粘贴的辅料，根据不同的造型要求粘贴不同材质和厚度的杂胶、回力胶、无纺布、皮糠纸等
肩带托料	指箱包肩带面料内部粘贴的辅料，根据不同的造型要求粘贴不同材质和厚度的杂胶、无纺布等
手挽托料	指箱包手挽面料内部粘贴的辅料，根据不同的造型要求粘贴不同材质和厚度的杂胶、无纺布等
手挽拉棉芯	指手挽是空心圆结构，内部拉入棉芯作为支撑
埋底拉骨	指箱包底围边缘的拉骨工艺结构，用包骨料放入弹簧骨、胶骨等
埋横头拉骨	指箱包横头部件边缘的拉骨工艺结构，用包骨料放入弹簧骨、胶骨等
拉橡皮筋	指箱包的内部缝制橡皮筋形成褶皱工艺

2.箱包中间部件工艺标注

箱包中间部件设计必须为箱包的外部造型服务，不同的箱包造型和结构部件需要设置不同的材质和厚度的托衬材料。中间部件只有在制作过程才能呈现出来，一般消费者是看不到的。几种不同的箱包结构中间部件标注示例，如图2-62～图2-65。

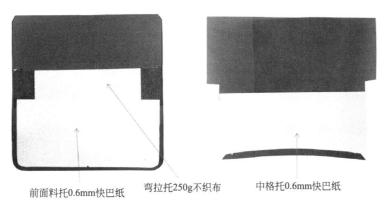

前面料托0.6mm快巴纸　　弯拉托250g不织布　　中格托0.6mm快巴纸

图 2-62　中间部件（1）

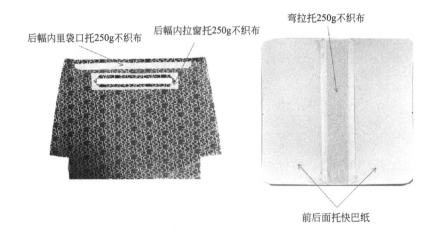

后幅内里袋口托250g不织布　后幅内拉窗托250g不织布　弯拉托250g不织布

前后面托快巴纸

图 2-63　　中间部件（2）

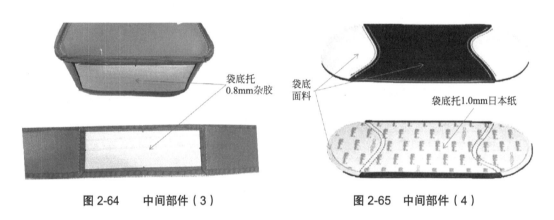

袋底托
0.8mm杂胶

袋底面料　袋底托1.0mm日本纸

图 2-64　　中间部件（3）　　　　图 2-65　　中间部件（4）

三、内部部件名称

> 箱包的部件包含箱包外部、内部和中间部分的托辅料。
> 箱包的内部部件是箱包打开才看到的辅料部分，是使用功能的设计部分，包括内里布的选用和不同内插袋的功能设计。
> 内部部件包括内里、内插袋、中格、内拉链窗等。

11.内部部件名称

1. 箱包内部部件名称

箱包内部部件主要是里布的使用，包括前后幅里、大身料里、大身围里、横头里、底里、盖底里、链贴里、底围里、内插袋、耳仔里、外袋里布、肩带里、吊里等。内部部件名称与释义，如表2-4。

表 2-4　内部部件名称及释义

部件名称	释义
前后幅里	也叫扇面里布，指手袋前后主体部件的里布
大身里	指前后幅与底是一个整体的部件的里布
大身围里	指侧面与底部连接在一起的整个部件的里布
横头里	也叫堵头里、墙子里，指手袋的侧面部件的里布
底里	是箱包的底部件
盖底里	盖头的底面里布
链贴里	指缝在拉链布两边的部件的里布
底围里	指大身的底部构件，也可以延伸到侧面的里布
内插袋	指手袋内部的一些插袋
内拉窗	指手袋内部用拉链开关的插袋
耳仔里	用来固定方扣、D 扣、铁圈夹，连接肩带、手挽的小部件的里布
外袋里布	指手袋外部的一些插袋的里布
肩带里	指用来提、挎、背等手袋用的部件，有固定、活动、单、双等各种设计形式的部件里布
吊里	是拉链窗结构设置口袋的里布部件
中格	指箱包的内袋，分成两个、三个或多个空间的隔层部件

2.箱包内部部件工艺标注

箱包内部部件多为实用性的功能结构设计，包含内部的主袋、中格、内插袋、内拉链袋等。箱包外部造型的不同，相应的内部部件设计也不相同。水桶包、圆形包、背包、箱子的标注内部部件示例，如图2-66～图2-69。

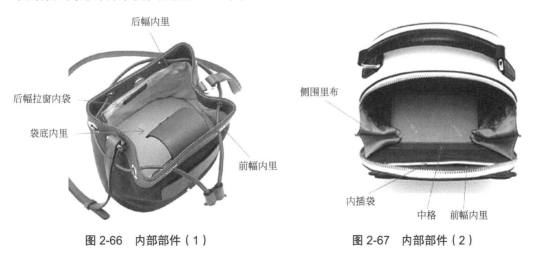

后幅内里

后幅拉窗内袋

袋底内里

前幅内里

侧围里布

内插袋

中格　前幅内里

图 2-66　内部部件（1）　　　　图 2-67　内部部件（2）

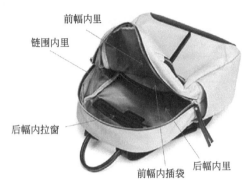

图 2-68　内部部件（3）

图 2-69　内部部件（4）

实训项目作业：

选 3 ～ 5 款不同结构的箱包产品，在产品的部件上标注所有部件名称。

任务五　箱包的工艺设计

知识点	技能点	实训项目
箱包的类型结构工艺设计； 箱包面辅料及托衬材料的选用； 箱包的缝制工艺设计； 箱包的五金及装饰工艺设计	会设计箱包的类型结构工艺； 会选用箱包面辅料及托衬料； 会设计箱包的缝制工艺； 会设计箱包五金及装饰工艺	设计 3 款箱包，进行工艺设计并标注各个部件的工艺说明

一、工艺设计

　　箱包的工艺设计是指箱包制作工艺中的方法、技术以及流程等，是体现一个箱包设计效果图到实物产品最终成型效果和质量的关键环节。制版师在出格之前必须对箱包的工艺详细分析，对出格的工艺方法、步骤进行初步构思。

12.工艺设计

1.箱包的工艺设计

　　制版师在接到箱包的出格与制作的板单任务时，首先要做的就是依据板单上的箱包效果图和结构图进行工艺分析，设计规划出格的工艺方法和步骤，可以通过图文结合的形式草拟一个工艺步骤图示来表达。主要包括箱包的类型结构、面辅料以及托衬料的选用、缝制工艺的要求、五金及装饰工艺等。

2.箱包的工艺设计图示

一款单肩女包的工艺设计分析示例，如图2-70。

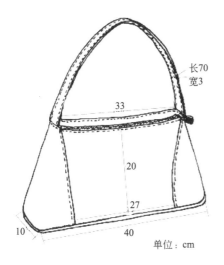

包袋类型：半定型单肩包

部件：前幅、后幅、横头、袋底、内贴、肩带、里布、前插袋、后拉窗内袋

工艺设计：

底部托0.8mm皮糠纸与袋身拉骨埋袋；

横头与前后幅折边搭车；

内里与外袋为套袋口做法；

内里为前后两件打角做法；

内贴与拉链布车反后，再与内里折边搭车；

单肩带为两件碰折对帖；

袋口拉链"屈头飞尾"做法

长70
宽3

33

20

27

10　40

单位：cm

图 2-70　单肩女包工艺设计

两款流苏包系列工艺的设计分析示例，如图2-71。

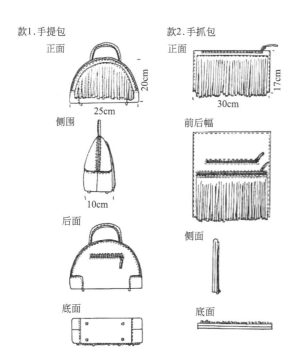

款1.手提包
正面
20cm
25cm

侧围
10cm

后面

底面

款2.手抓包
正面
17cm
30cm

前后幅

侧面

底面

系列包袋类型：半定型

部件：前幅、后幅、侧围、袋底、流苏装饰、手挽、里布、拉链、五金配件

工艺设计：

款1：倒链围埋反结构；侧围和链围折边搭车后再与前后幅埋反缝合；内里与面料粘贴一起合缝；1个内插袋和1个内拉窗；手挽是拉棉芯工艺

款2：折叠信封包结构；前幅、后幅2片；开2个拉链窗袋口；里布为套袋口工艺；袋口拉链"屈头屈尾"工艺做法

图 2-71　流苏包工艺设计

一款水桶包的工艺设计分析示例，如图2-72。

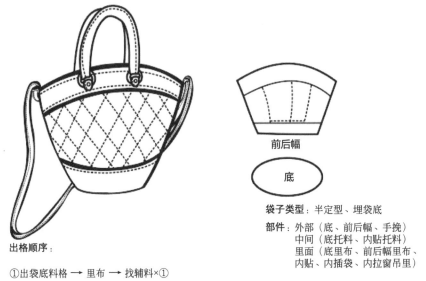

前后幅

底

袋子类型：半定型、埋袋底

部件：外部（底、前后幅、手挽）
中间（底托料、内贴托料）
里面（底里布、前后幅里布、
内贴、内插袋、内拉窗吊里）

出格顺序：

①出袋底料格 → 里布 → 找辅料×①
②出前后幅正格 → 后幅料格×① → 前幅上、中、下料格×①
③出内贴料格×② → 内贴找料×②
④出前后幅里布（后幅减去内贴高度）
⑤出手挽料、肩带、内插袋、内拉窗吊里、耳仔、圆扣×④、
D扣×②、拉芯扣×①、磁扣×①
⑥写资料：

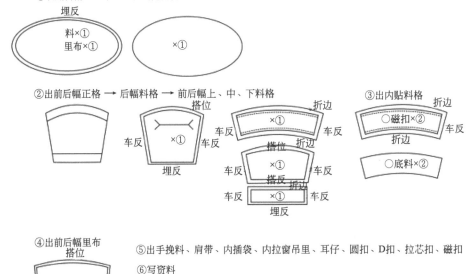

①袋底料格、里布 → 袋底托辅料
埋反
料×①
里布×①
×①

②出前后幅正格 → 后幅料格 → 前后幅上、中、下料格
搭位
车反 ×① 车反
埋反
折边
×① 车反
车反
搭位 折边
×① 车反
车反
搭位 折边
车反 ×① 车反
埋反

③出内贴料格
折边
○磁扣×② 车反
折边
○底料×②

④出前后幅里布
搭位
车反
埋反

⑤出手挽料、肩带、内插袋、内拉窗吊里、耳仔、圆扣、D扣、拉芯扣、磁扣
⑥写资料

图2-72 水桶包工艺设计

一款手提袋的工艺设计说明示例，如图2-73。

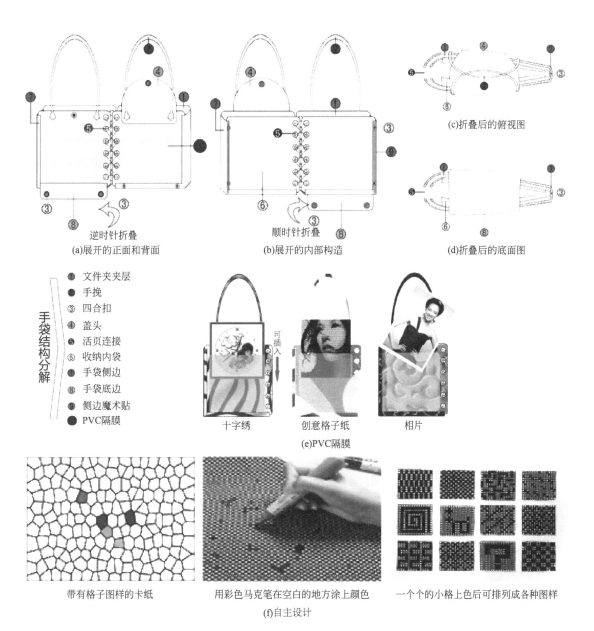

图 2-73　手提袋工艺设计

[手袋所用材料无刻意规定，PVC隔膜可以插入十字绣、手绘画、相片等]

一款卡包的工艺设计说明示例，如图2-74。

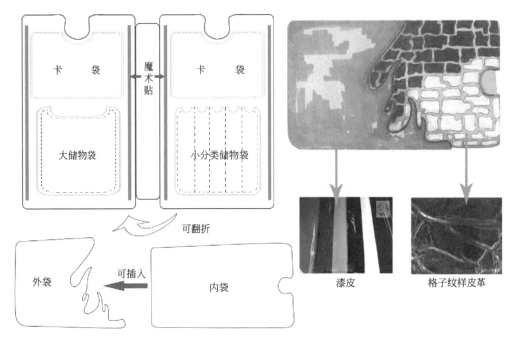

图 2-74　卡包工艺设计

二、工艺标注规范

工艺标注规范是制版师出格的工艺标准。统一的工艺标准能够提供合理的工序，有利于进行科学的生产流程，提高工作效率，使企业效益最大化。

出格纸样的标注包括箱包的部件名称、数量、面料纹理方向、部件边缘预留的加工余量、各个部件之间车缝工艺、五金开孔、结构的处理工艺等。

1.工艺标注规范

13.工艺标注规范

每一款箱包的造型不同，工艺结构也不尽相同，这使出格工作非常繁杂。箱包行业长期形成了一些统一的工艺标准。合理地运用通用的制作方法，并进行一些系列化的变化，有助于产品的规模生产。另外，制版师还要优先考虑什么样的工艺方案是最快、最简单的，以便使车间在大批量生产时的工序科学、合理，达到企业降低生产成本的目的。

（1）箱包工艺标注单位标准。英尺（ft）；英寸（in）；米（m）；厘米（cm）；毫米（mm）；码（yd）；平方英尺（ft^2）；平方英寸（in^2）。

单位之间的换算：

1码=3英尺；1英尺=12英寸；1码=36英寸；1英寸=8英分。

1码=91.44厘米；1英寸=0.762市寸；1英分=0.3175厘米（以下"英分"简称为"分"）；1英寸=2.54厘米。

1平方码=0.8361平方米；1米=3市尺=3.281英尺；1英尺=0.305米=0.914市尺。

1平方米=10.764平方英尺；1市丈=10市尺=100市寸=1000市分。

1米=10分米=100厘米=1000毫米；1米=1.094码；1码=0.9144米。

（2）在箱包出格中"英寸"的符号通常用（″）表示。

1分=1/8″=0.125″；

2分=1/4″=0.25″；

3分=3/8″=0.375″；

4分=1/2″=0.5″；

5分=5/8″=0.625″；

6分=3/4″=0475″；

7分=7/8″=0.875″；

8分=1″。

（3）箱包常用部件边缘的工艺包括折边、包边、车反、搭位、埋反、铲边等，工艺形态及示意图，如表2-5～表2-8。

表2-5 折边

名称	工艺形态	示意图
空折	直接对物料边缘进行翻折	
折边搭车	物料边缘翻折后在正面与另一物料车缝在一起	
折边对碰	将空折后的两块物料重叠后车线	
对扣折边	将两块物料边缘对扣空折后再车线	
碰折搭车	将两块物料边缘对碰空折后再车线	
双折	将物料边缘进行两次翻折	

续表

名称	工艺形态	示意图
包折	一层物料包住另一层物料再翻折	
中驳折边搭车	折边物料与散口物料边缘相重叠再车线	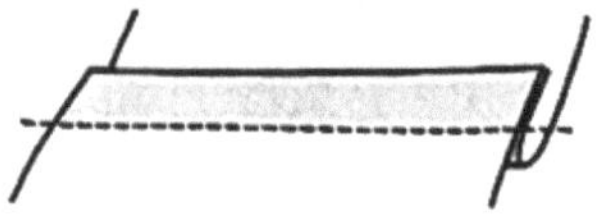
中驳散口搭车	物料的散口边缘上下重叠再车线	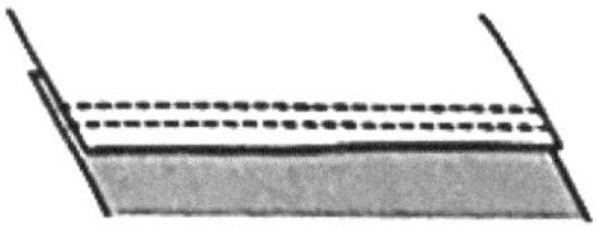

表 2-6　包边

名称	工艺形态	示意图
散口包边	指物料直线边缘与曲线边缘缝合，缝合后呈立体形态	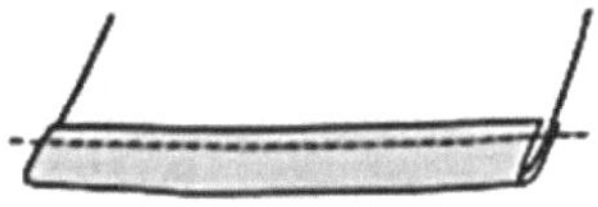
双回口包边	使用对折的长条物料将散口物料边缘包住再车线	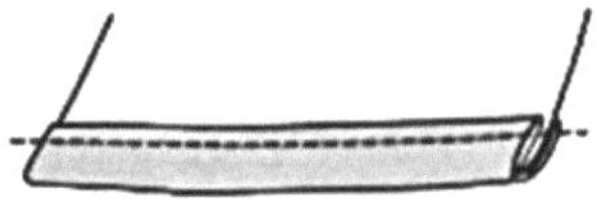
内单回口包边	使用对折两次的长条物料将散口物料边缘包住再车线	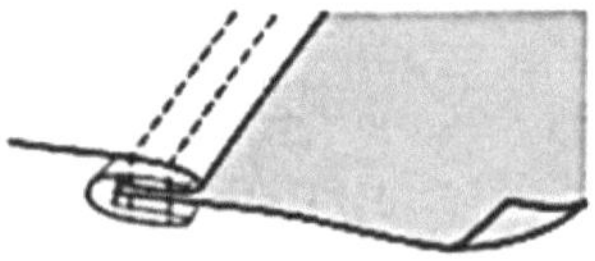
内双回口包边	将折边物料与散口部件边缘重叠，使用单边折的长条物料在茬口处包裹再车线	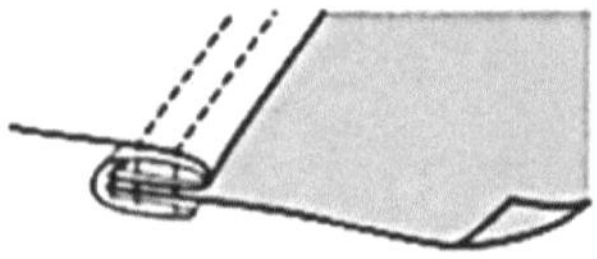
织带包边	将折边物料与散口部件边缘重叠，使用双边折边的长条物料在茬口处包裹再车线	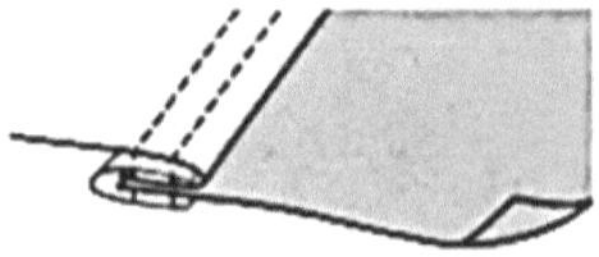

表 2-7 车反

名称	工艺形态	示意图
车反	物料直线边缘的缝合	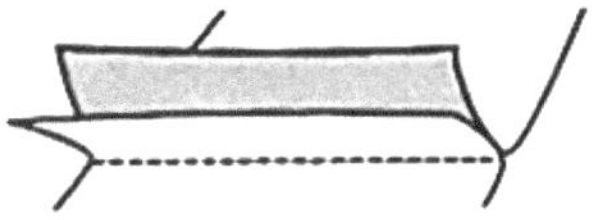
中驳车反分粘	工艺同车反，完成后将背面物料分粘至两侧，使其平整	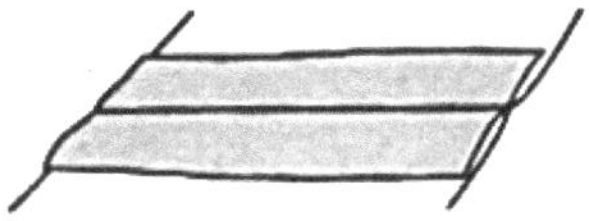
中驳车反襟线	车反后物料边缘不粘胶水直接车线	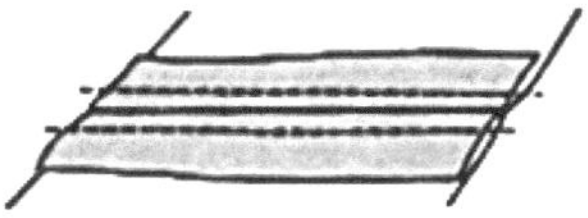
中驳车反分粘襟线	车反后物料边缘粘胶水再车线	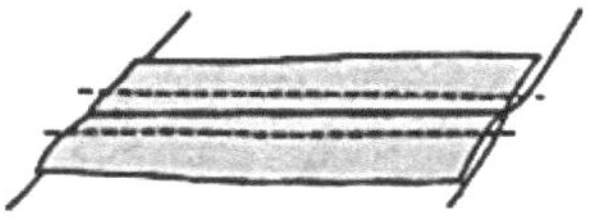
夹车	将两层或两层以上的物料夹在一起或叠在一起，再将其车线	
搭位	两块物料边缘上下相互叠压的位置	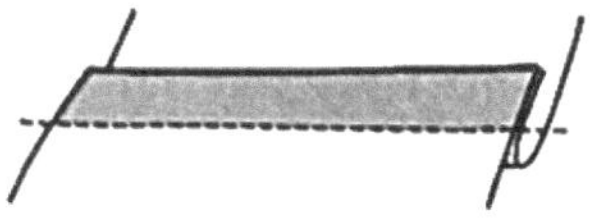
碰（又称驳）	通常有拼缝、拼接的意思，即两块物料的边缘靠在一起再进行车线	
埋反（又称脱反、埋案）	物料直线边缘与曲线边算的进合，缝合后呈立体形态	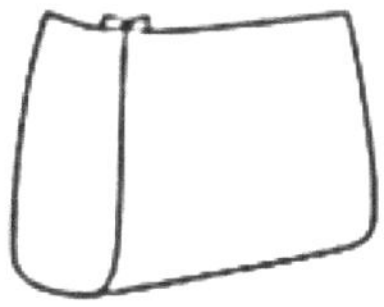

表 2-8　铲边

名称	工艺形态	示意图
凸位铲法	将皮料背面周边铲薄，使中间凸起。常用于肩带、手挽和角贴等部位	
搭位铲法	与凸位铲法相似，常用于肩带、包边等部位	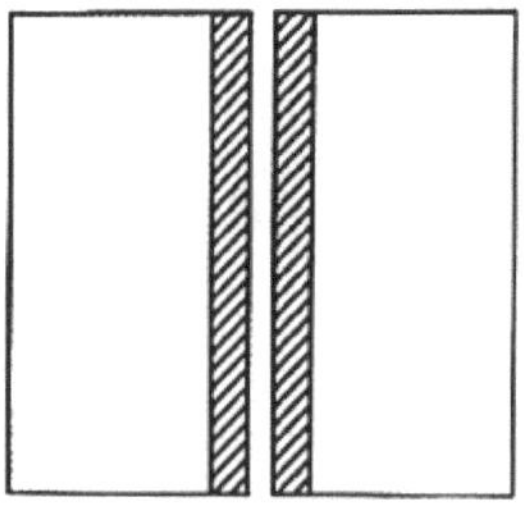
车反分粘铲法	为进行车反工艺所进行的铲皮，车反后需将车反位粘贴至皮料背面，所以采取的铲皮方式和折边铲法相似，这样皮料正面才不会留下粘贴的痕迹	
折边铲法	与搭位铲法相似，用于需折边的部位	
坑位铲法	仅在皮料中间进行铲皮使其变薄，而不改变皮料边缘的厚度。铲出的形状可以是块状，也可以是凹槽状	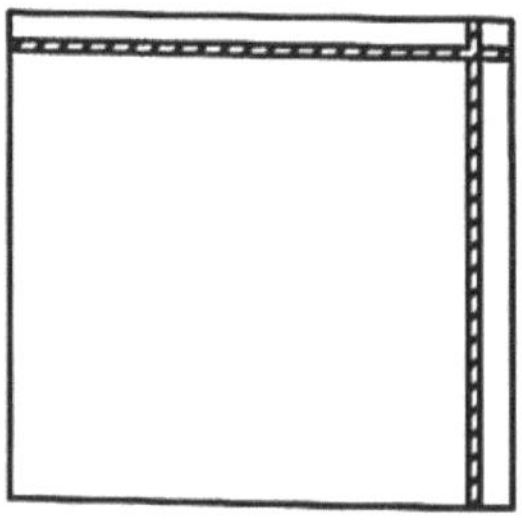
驳位铲法	指在皮料背面铲出细长的坑槽，常用于折边、拉链窗、弯曲、需要埋反或埋袋等部位	
埋袋铲法	与驳位铲法相似，在皮革背面留下细长凹槽状铲位，便于埋袋工艺	
飞角铲法	指在皮料背面转角处斜向铲皮，这道工序通常在折边铲皮、搭位铲皮等工序之后进行	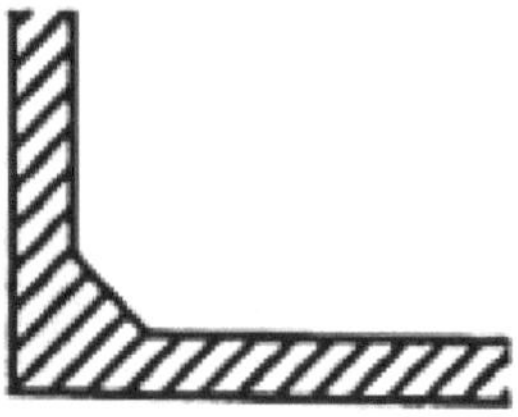

（4）常用车缝位预留的加工余量，如表2-9。

表 2-9　常用车缝位预留的加工余量

工艺名称	加工余量	工艺名称	加工余量
折边	2.5 分	车反	2 分
搭位	2.5 分	埋反	2 分
包边	3 分	拉骨埋反	1.5 分
油边	0 分	散口	0 分

注：根据选用材料的厚度和性能不同对加工余量进行适当调整。

（5）特殊工艺要求与标注。部件边缘打"V"形牙位、开叉刀口位、针位、开孔位等形状记号的工艺要求与标注：

有凸起的弧度边缘折边处要打"V"形牙位，牙位深度不超过1.5分。向内凹的折边处要开刀口，刀口深度不超过1.5分。折边位所有的针位要向内缩小1分后再点位。通常所有的折边位、埋反位、车反位、搭位等预留了加工余量的部件中线位置要打"V"形牙位，油边和散口的部件中线位置要用水银笔进行点位，这样的操作是为了产品在车缝制作时各个部件之间精准对位，使产品工艺质量精细。

另外，拉窗位开叉刀口2.5分，里布刀距2.5分，面料刀距2.5分。叉刀总长比窗位总长短1分。

有些托衬材料的局部需要特殊的挖空处理，通常叫作"偷空位"，还有很多五金安装也需要先进行开孔处理，这两种工艺类型开孔的位置、形状和大小要依据搭配好的辅料和五金样品进行精确开孔或开刀口的操作，并进行相应的工艺标注。

2.常用部件工艺标注图示例

前幅部件分割类型结构的部件工艺标注，如图2-75。

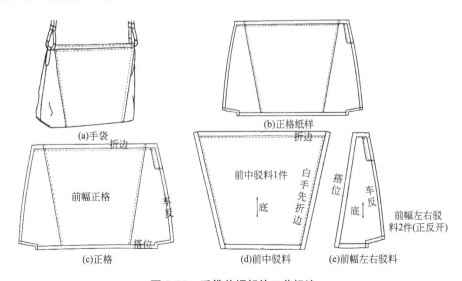

图 2-75　手袋前幅部件工艺标注

前幅部件有五金装饰结构的部件工艺标注，如图2-76。

盖头的面料、中间托衬料、里布结构的部件工艺标注，如图2-77。

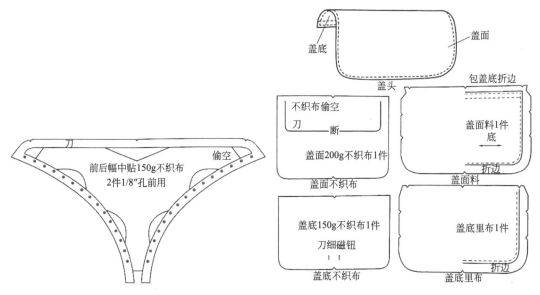

图 2-76　有五金装饰的部件工艺标注　　　　图 2-77　盖头、中间托衬料、里布部件工艺标注

有拉链开关的袋口链贴结构部件工艺标注，如图2-78。

内部设置有中格结构的部件工艺标注，如图2-79。

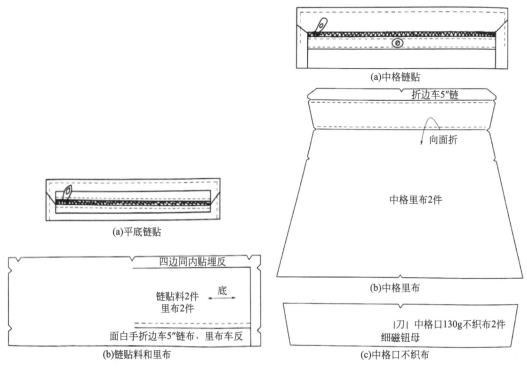

图 2-78　袋口链贴结构部件工艺标注　　　　图 2-79　中格结构的工艺标注

箱包小配件的工艺标注，如图2-80。

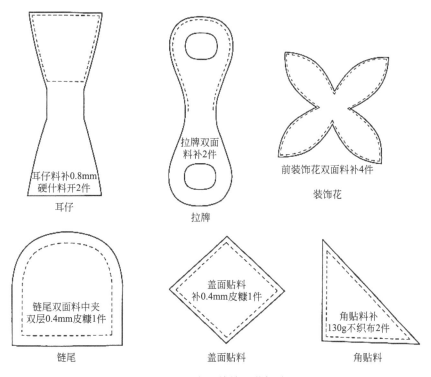

图 2-80 小配件的工艺标注

箱包内部的拉链窗、内插袋结构部件的工艺标注，如图2-81。

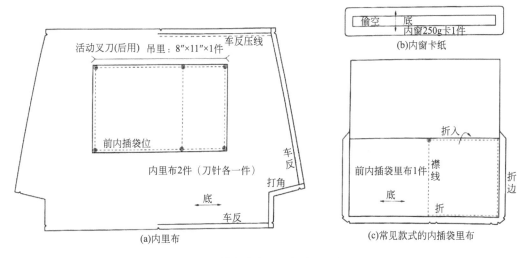

图 2-81 箱包内部结构部件工艺标注

实训项目作业：

设计3款箱包，进行工艺设计并标注各个部件的工艺说明。

| 14.出格工具介绍 | 15.刀法介绍 | 16.几款边袋结构分析 | 17.切圆角 | 18.切圆形 | 19.切正方形 |

任务六　箱包的出格工艺

知识点	技能点	实训项目
打角结构箱包的出格； 埋反结构箱包的出格； 铰口结构箱包的出格； 褶皱结构箱包的出格； 有盖头结构箱包的出格	会打角结构箱包的出格； 会埋反结构箱包的出格； 会铰口结构箱包的出格； 会褶皱结构箱包的出格； 会有盖头结构箱包的出格	设计打角结构、埋反结构、铰口结构、褶皱结构、有盖头结构类型的箱包各一款，并进行出格实践

一、打角结构箱包的出格

箱包的出格也叫打版，是根据设计图或样板，通过分析后绘制出箱包构成部件的平面形状，并标注工艺制作要求，用纸板切割出来，以此作为箱包产品制作开料的标准。箱包出格要先分析设计风格类型、结构部件构成、材质的软硬特性、尺寸和比例关系、部件之间相连接的车缝工艺、五金配件、装饰工艺等。

出格的一般原则是先出主格，后出次格。主格是能够决定其他纸格形状、尺寸、大小的纸格。次格是部件的形状、尺寸、大小需要依据其他纸格的形状来确定的纸格。比如前后幅是主格，围是次格；后幅是前幅的主格。

打角结构类型的箱包应用非常广泛，造型简洁、工艺简便，而且节约用料成本。

1.打角结构箱包的造型特征

打角是指箱包的一个或几个边角的位置预设一个直角、锐角或钝角的缺口来处理的制作工艺。打角结构简化了侧围和底部的部件，但是箱包造型仍然形成了立体的结构。打角结构是最常用的一种箱包类型，如托特包、化妆包多是运用打角的工艺结构。另外，大多数的箱包内里也是运用打角结构来制作的。如图2-82。

20.打角结构
箱包的出格

2.打角结构的箱包出格示例（实物样板+设计图）

以一款女士化妆包打角出格为例来进行讲解。

袋子类型：软质休闲型。

外部部件包括前幅、后幅；内部部件包括内里、内袋口衬不织布、内插袋吊里、内窗口贴、内标志贴、袋口拉牌料。化妆包实物样板图片，如图2-83所示。

在出格之前，依据实物样板画出工艺结构图的三视图，测量实物的实际尺寸，在工艺图上标注尺寸大小。如图2-84所示。

图 2-82　打角结构箱包

图 2-83　实物样板图

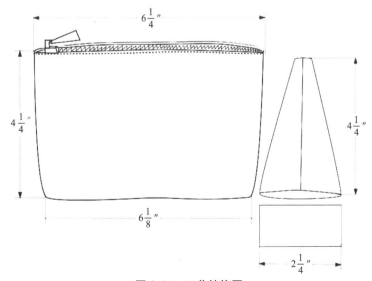

图 2-84　工艺结构图

出格步骤分析：先出前后幅料格，依据前后幅料格出前幅内袋口衬不织布；再出前幅里布、后幅里布、后幅里布窗口不织布衬料、吊里；然后出logo牌贴料、拉牌料；最后检验纸格，写资料卡。

运用箱包CAD出格软件依次绘制出各个部件纸格图，打印切割出的各个部件纸格，如图2-85。

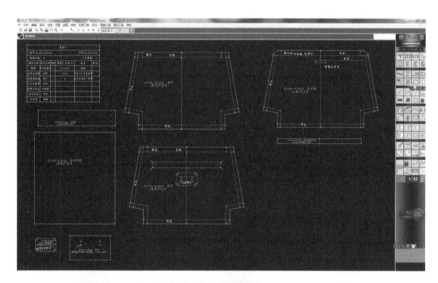

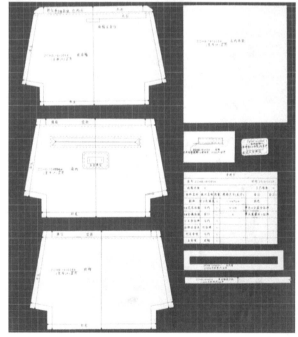

图 2-85　纸格图

具体出格步骤如下：

（1）出前后幅料格、袋口衬不织布。先打中线，在中线底部画一条垂直于中线的水平线，确定前后幅的高度$4\frac{1}{4}''$，袋口部宽度$6\frac{1}{4}''$，底部宽度$6\frac{1}{8}''$，画出一个梯形；然后在底侧边2个角进行打角处理，先取高度为底变宽一半$1\frac{1}{8}''$，画一条平行与底边的辅助线，以底侧边2个角顶点向内取$1\frac{1}{8}''$处向上画垂直于底边的垂线，然后在高度$1\frac{1}{8}''$处的两个交叉点向前后幅侧边上画垂直线，加上打角位加工余量$\frac{1}{8}''$，切割掉两个顶角部分。接着，在前后幅的两侧边加上车反工艺的加工余量2分，袋口边加上折边加工余量2.5分，在袋口位置画出袋口衬不织布的位置和logo五金位置，得到前后幅料格、袋口衬不织布格件。最后，在纸格上写上部件名称和开料要求。如图2-86。

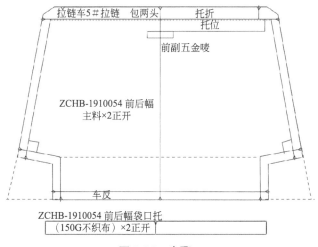

图 2-86　步骤一

（2）出前后幅里布。根据前后幅料格的形状来依次出前幅里布、后幅里布，在前幅里布上画出内拉窗的位置和叉刀口、内logo牌贴车线位置；然后在袋口写出车缝5#拉链的要求，标注边缘加工余量工艺（与前后幅料格相同）；最后，写出纸格名称和开料要求。如图2-87所示。

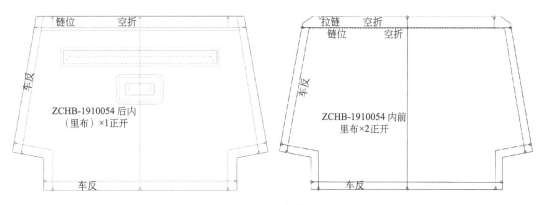

图 2-87　步骤二

（3）出后幅里布窗口不织布衬料、吊里、logo 牌贴料、拉牌料。后幅里布窗口不织布衬料根据内拉窗的尺寸画出宽度为$\frac{1}{2}''$空心矩形，长度为$6\frac{1}{8}''$，宽度为$1\frac{1}{2}''$。吊里为回折做法，宽度为$6\frac{3}{8}''$，长度为7"。logo 牌贴料宽度为$\frac{3}{4}''$，长度为1"。拉牌双层料中间加贴杂胶，宽度为$\frac{3}{4}''$，长度为$1\frac{1}{4}''$。如图2-88。

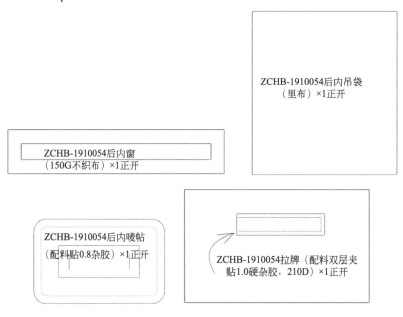

图 2-88　步骤三

（4）检查所有部件的纸格相互间的对应关系是否正确，数出总件数，然后写在资料卡上，把所有的小配件、五金等写入资料卡。如图2-89。

资料卡					
款号: ZCHB-1910054				时间: 2019/10/26	
纸格总数: 8				工艺格数: 0	
物料名称	裁片名称	用量	规格尺寸/英寸	备注	备注2
配料	袋口包链尾	2	$1\frac{1}{4} \times \frac{3}{4}$	执色	
5#尼龙拉链	后内	1	$6\frac{3}{8}$	单头+小五金拉牌	
5#金属拉链	袋口	1	6	单头五金夹+拉牌	
小五金拉牌	后内	1			
拉牌五金夹	外拉牌	1			
内五金唛	后内	1			
五金唛	前幅	1			

图 2-89　步骤四

二、埋反结构箱包的出格

1.埋反结构箱包的造型特征

埋反结构是指由两块不同形状的物料，在反面车缝暗线，由平面变成立体的过程。其类型可分埋袋底、埋横头、埋大身围、埋链围等。如图2-90。

21.埋反结构箱包的出格

图 2-90　埋反结构箱包

埋反结构的包袋出格顺序一般是先确定埋反结构中有圆角弧度形状的部件，其他与之相连接的部件需依据此部件来确定相应的形状和尺寸。比如，埋横头就先出横头，埋袋底就先出袋底，埋大身就先出大身。

出格步骤为：第一，看设计图（或样板）分析袋子组成结构（识别出格需完成的各组成部件）；第二，根据设计图分析工艺结构（分析出格各部件上需标注的工艺说明）；第三，确定出格步骤（先出正格，再出配件）；第四，检验、写资料卡。

2.埋反结构的箱包出格示例（设计图）

以一款埋横头的女士化妆包为例来进行讲解。标注尺寸大小的结构图，如图2-91。

袋子类型：半定型，底部贴衬料。

部件结构：外部部件包括前幅料、后幅料、横头料、袋底料；中间托衬材料包括袋底托料、袋口托料、拉窗口托料；内部部件包括前

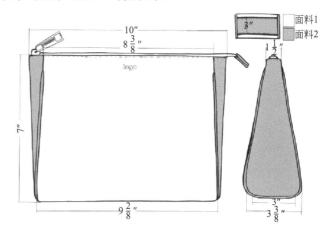

图 2-91　埋反结构示例

幅里布、后幅里布、内拉链窗、吊里。

出格步骤：先出横头料格；依据横头形状出前后幅正格，分解得前后幅料格、底料格、底托衬料格、袋口衬料格；再出前后幅里布、吊里；然后出logo牌贴料、链尾料；最后检验纸格，写资料卡。

运用箱包CAD出格软件依次绘制出各个部件的纸格图、打印切割出的各个部件纸格，如图2-92。

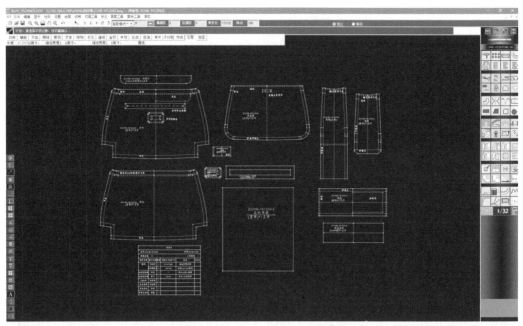

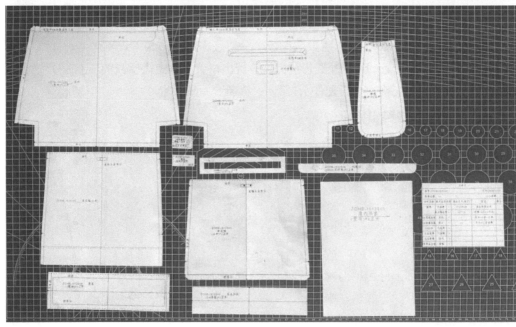

图 2-92　纸格图

具体出格步骤如下：

（1）出横头料格。先打中线，在中线底部画一条垂直于中线的水平线，确定横头的高度 $7''$，顶部宽度 $1\frac{1}{2}''$，底部宽度 $3\frac{3}{8}''$，画出一个梯形；然后在底部两个顶角按照设计图形状画出圆角弧度［圆弧半径长度可在 $1:1$ 的设计图（或样板）上用圆规试画来定］。横头顶部为油边，不加余量，其余三边加 $\frac{1}{4}''$ 的拉骨埋反的余量。最后在底部中线处、底部顶角弯位处、拉骨位打"V"牙位，并写上纸格部件名称、油边、拉链位（屈头飞尾制作工艺）、拉骨埋反的工艺标注。如图2-93。

（2）出前后幅正格。依据横头的侧边和底边宽一半得出前后幅侧边和底宽一半的总长，然后画出前后幅袋口长度 $8\frac{3}{8}''$、前后幅底边长度 $9\frac{1}{4}''$、底长度 $9\frac{1}{4}''$ 的尺寸。画出前后幅和袋底之间的连接线和袋底边缘的车缝位，标注袋口油边工艺并画出车缝线，定出logo五金的打孔位，在前后幅侧边的拉骨位和横头的弯位处打上"V"牙位以便对位，并写上纸格部件名称。如图2-94。

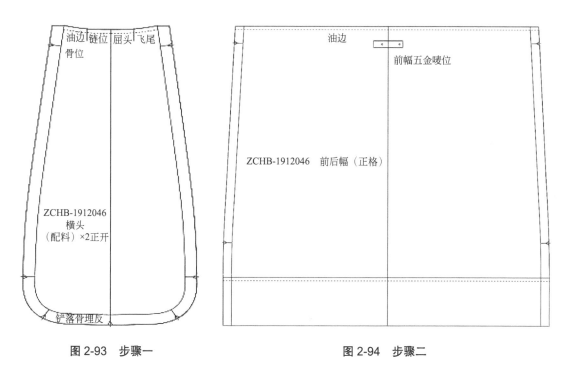

图 2-93　步骤一　　　　　　　　　　　图 2-94　步骤二

（3）依据前后幅正格，分割出前后料格、底料格和底托料格。前后幅料格是在正格中切割出前后幅部分在与袋底边缘增加 $\frac{3}{8}''$ 搭位的加工余量。底料格是在正格中袋底一半的宽度增加一倍后，在宽度边缘标油边工艺。前后料格、底料格两侧边标注埋反工艺。底托料格是在底料格的四周减去 $\frac{3}{8}''$。如图2-95。

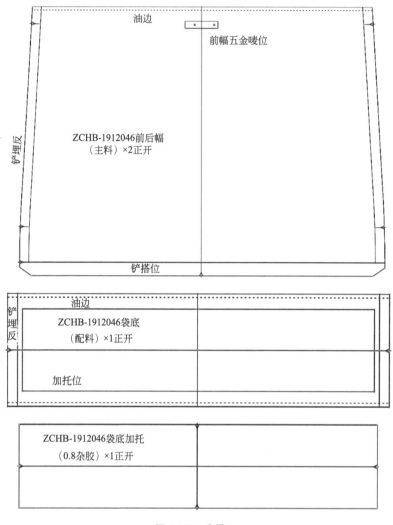

图 2-95　步骤三

（4）出前幅里布、后幅里布、吊里。前后幅的里布是常用的打角做法，是简化内里的一种工艺结构，把袋底、横头一半和前后幅侧边、底边加在一起，只需要前、后两片的部件，前幅里布下面两个顶角进行打角，形成立体的内里结构。前后幅里布的高度是前后幅高度7"，加上袋底宽度的一半$1\frac{1}{2}$"，总高度是$8\frac{1}{2}$"。前后幅里布的袋口宽度是前后幅里布的宽度$8\frac{3}{8}$"，加上横头袋口宽度一半$\frac{3}{4}$"，总长为$9\frac{1}{8}$"；底边宽度为袋底宽度$9\frac{1}{4}$"。在前后幅里布的袋口画出托不织布的位置和形状，加上$\frac{5}{8}$"托折工艺加工余量，写上车5#拉链，屈头飞尾工艺。在后幅里布上画出拉链窗的位置，并开叉刀口。画出logo贴牌的车缝位置，并开刀口。侧边和底边加上$\frac{1}{8}$"车反加工余量，打角位置两边加驳反$\frac{1}{8}$"。吊里的常用长度为$10\frac{1}{2}$"，宽度为$7\frac{1}{2}$"。如图2-96。

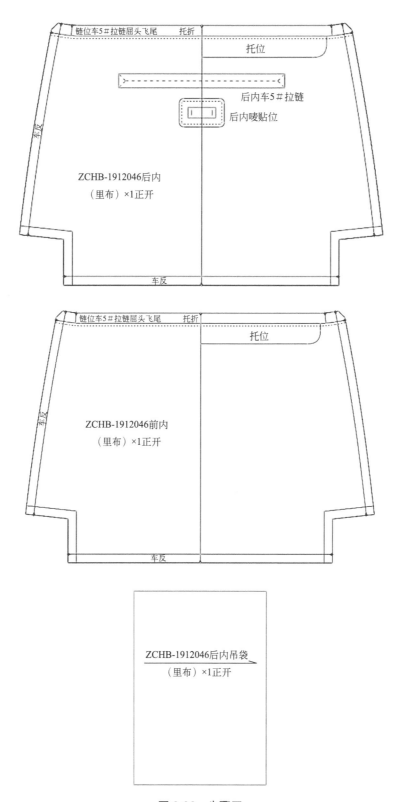

图 2-96　步骤四

（5）出前后幅袋口托料150g不织布、内拉窗托料150g不织布。出内里，logo贴牌、链尾料。如图2-97。

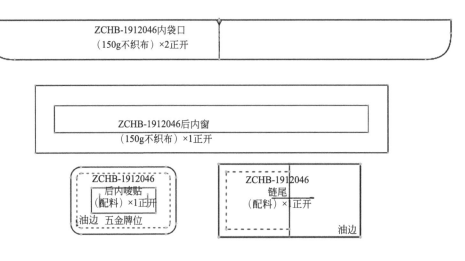

图2-97　步骤五

（6）最后，检验纸格，写资料卡。检查所有部件的纸格相互间的对应关系是否正确，数出总件数，然后写在资料卡上，把所有的小配件、五金等写入资料卡。如图2-98。

资料卡					
款号：ZCHB-1912046				时间：2019/12/27	
纸格总数：12				工艺格数：1	
物料名称	裁片名称	用量	规格尺寸/英寸	备注	备注2
配料	内拉牌	1	$3\frac{1}{4} \times \frac{3}{8}$	油边车四方线	
	前后幅边骨	2	$20 \times \frac{7}{8}$	过薄1.0入2.0骨芯	
5#尼龙拉链	后内	1	7	单头+D扣+拉牌	
5#金属拉链	袋口	1	12	单头+五金拉牌	
3/8D扣	内拉牌	1			
五金拉牌	外拉牌	1			
内五金唛	后内	1			
字母五金唛	前幅	1			

图2-98　步骤六

三、铰口结构箱包的出格

铰口，也叫口金，指箱包的袋口使用了铰口五金的特殊结构类型箱包，包括多种造型的铁铰口，也有不用五金铰口而做仿架口的结构。

铰口类型的箱包出格时，袋口的尺寸需要依据五金的大小尺寸来确定。

22.铰口结构箱包
的出格

1.铁铰口（仿架口）结构的箱包造型特征

铁铰口（仿架口）包指有以铁架子五金配件或仿制铁架子配件来制作袋口工艺的箱包类型。通常是晚宴包常用的工艺制作类型。如图2-99。

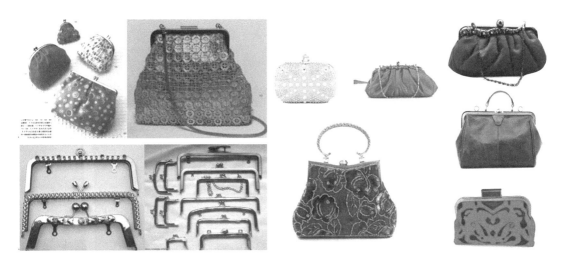

图 2-99　绞口结构箱包

铁铰口（仿架口）包出格重点是架口与袋口关系的处理，一是大身总边长与架口相应位边长要吻合；二是大身袋口的形状一般与架口形状不能一样。

2.铁铰口箱包出格分析

按照铁铰口尺寸出格。具体包括：用铁铰直接做出铰口托纸格（或托回力胶等）；托纸的尺寸以能刚好放入铁铰槽内为准，放入槽后的松动位在半分以内；纸的厚度要根据槽厚度确定。

具体的做法步骤：

（1）出架口，打十字线，按照五金铰口的尺寸做一个空心矩形。如图2-100。

（2）出大身正格（用大身引位得出袋口长）

① 打角前后幅做法。出前后幅一半的工艺方法。如图2-101。

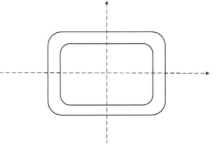

图 2-100　做空心矩形

② 有横头前后幅做法。出前后幅一半的工艺方法。如图2-102。

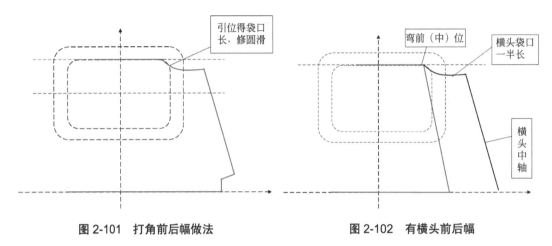

图 2-101 打角前后幅做法   图 2-102 有横头前后幅

3.仿铁铰口箱包出格步骤分析

以一款埋横头的仿铁铰口手提包为例来进行讲解。如图2-103。

（1）先出架口。如图2-104。

① 架口尺寸。架口厚度6分～1寸；拉链位距中线6分。内架口宽度3.5～6.5寸。内架口长度5～6.5寸。

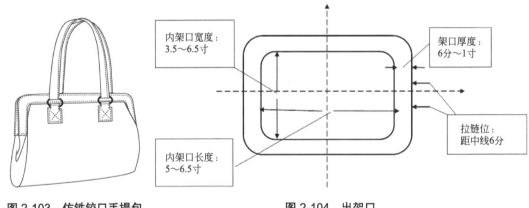

图 2-103 仿铁铰口手提包   图 2-104 出架口

② 架口分内架口和外架口。内架口比外架袋口宽度少1.5分（弯位厚度处理）。

③ 在架口横中轴每边进去6分定拉链位。

④ 前后幅架口不连成一个整体时（分两段），架口大身侧边有6分以上的距离，这是内架与外架共用纸格（没有弯位处理）。

⑤ 外架正格也是托纸格（如360P灰卡纸、0.6mm日本纸、0.8mm日本纸），也可加钢片等做补强，钢片距离正格边缘最少2.5分距离。如图2-105。

⑥ 内架正格可作为内架托纸格（如250P卡纸、0.4m/m日本纸、0.6m/m日本纸），外纸托的纸格一般分两段，弯位处全部偷空。如图2-106。

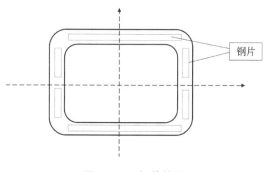

图 2-105　钢片补强

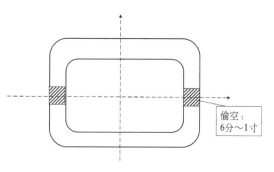

图 2-106　弯位偷空

（2）出大身。

① 大身袋口边长。用外架正格引位得出，用外架正格与大身料格引位（折边搭车的引位法），引位后每边减0.25分（使更平整）；或者直接用软尺量得大身袋口边长与架口内边长相等。

② 大身袋口的形状。大身袋口边为水平线时，袋口张开的幅度最大，并且袋外卷起的料最高。如果大身形状与架口形状一样时，袋口只打开一条缝，袋口最小，大身不会卷起料。一般做法如图2-107。

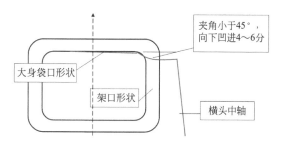

图 2-107　出大身

4.有横头（或围）铰口箱包出格分析

（1）前后幅与横头（或围）袋口边长总和与架口相应位边长吻合。

（2）前后幅与横头（或围）的连接位一般在架口弯前（或弯中）位。

（3）横头的形状。如图2-108。

5.铰口结构的箱包出格示例（设计图）

以一款埋横头的铰口手挽包为例，材质为镂空透明黑、白色的PVC。标注尺寸大小的结构图，如图2-109。

袋子类型：半定型，底部贴衬料。

部件结构：外部部件包括前幅料、后幅料、横头料、袋底料、手挽料；中间托衬材料包括袋口铁铰托料、袋底托料。

出格步骤：先出横头；依据铁铰口的尺寸出横头，再出前后幅连底一半的正格，分

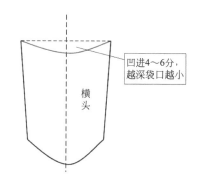

图 2-108　横头分析

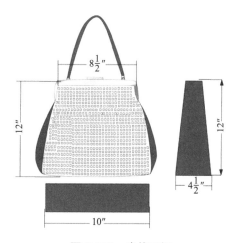

图 2-109　出格示例

解得前后幅料格、底料格、底托衬料格、袋口铁铰口衬料格；再出肩带料；最后检验纸格，写资料卡。

运用箱包CAD出格软件依次绘制出各个部件的纸格图，打印切割出各个部件的纸格，如图2-110。

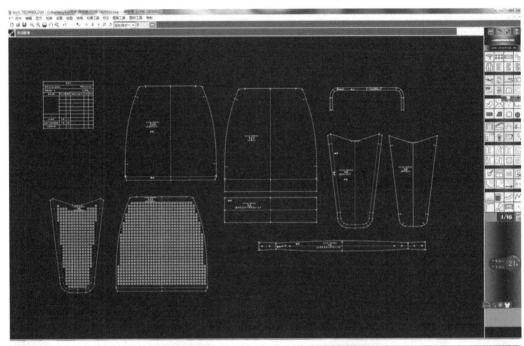

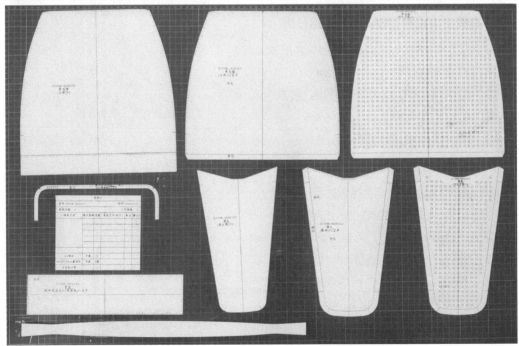

图 2-110　纸格图

具体出格步骤如下：

（1）出前横头料格、横头托衬料格。先打中线，在中线底部画一条垂直于中线的水平线，确定横头的高度 $12''$，袋口部宽度 $6''$，底部宽度 $4\frac{1}{2}''$，画出一个梯形，在袋口处做铰口凹陷 $1''$ 的工艺形状，然后在横头左、下、右三边加上搭位加工余量2.5分，袋口边加上折边加工余量2.5分，在袋口画出油边的车缝线，得到横头料格；再把横头左、下、右三边减去加工余量得到横头画位格。最后，在纸格上写上部件名称、弯位对位点、开料镂空冲孔的要求。如图2-111。

（2）出前后幅正格。先打中线，前后幅高度为 $12''+2\frac{1}{4}''$，袋口宽度 $12''$，袋底宽度 $2\frac{1}{4}''$，前后幅侧边依据设计稿做袋身的弧形。然后，在纸格上写上部件名称、与横头连接的对位点。如图2-112。

（3）出前后幅料格、袋底料格。把前后幅正格分割，前后幅底边加上搭位的加工余量，在前后幅左、右、上三边画出油边车缝线；接着，袋底对称添加出另一半，在袋底四边画出油边车缝线，得出前后幅料格、袋底料格。然后，在纸格上写上部件名称、与横头连接的对位点、袋底加托料的要求。如图2-113。

（4）出前后袋口铁铰托料、肩带料格。袋口铁铰托料依据铁铰口的尺寸和形状出，宽度 $\frac{3}{8}''$；手挽双面加托料进行油边缝合，两头画出钉位、回折位。如图2-114。

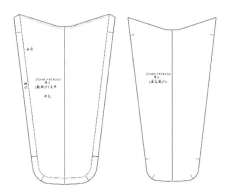

图2-111　步骤一

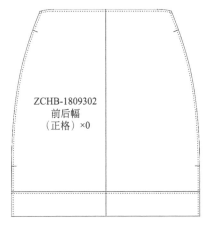

图2-112　步骤二

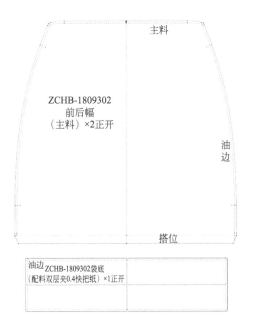

图2-113　步骤三

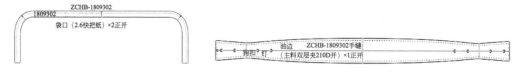

图 2-114　步骤四

（5）依据前后幅、横头料格来出前后幅、横头的镂空冲孔正格。如图 2-115。

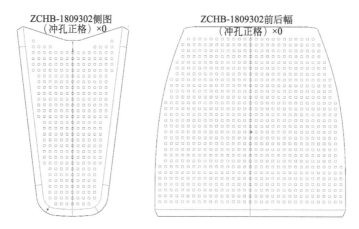

图 2-115　步骤五

（6）最后检验纸格，写资料卡。检查所有部件纸格相互间的对应关系是否正确，数出总件数，写在资料卡上，把所有的小配件、五金等写入资料卡。如图 2-116。

资料卡					
款号: ACHB-1809302			时间: 2018/10/8		
纸格总数: 14			工艺格数: 0		
客户名称:					
物料名称	裁片名称	用量	规格尺寸/英寸	备注	备注2
五金袋口较		1			
3*4狗扣	手挽	2			
8mm×10mm磨菇钉	手挽	4套			

图 2-116　步骤六

四、打褶皱结构箱包的出格

> 打褶皱是箱包的一种特殊工艺结构，多使用软质的面料来造型。褶皱工艺在女包的制作中比较常见。
>
> 打褶皱工艺方法多种多样，其工艺方法的不同使箱包呈现出柔美的立体视觉效果。

1. 打褶皱结构箱包的造型特征

打褶皱箱包是指在箱包的某个部位有用打褶皱的方式来制作的箱包类型。

箱包设计造型中，各种立体造型手工褶皱的工艺制作使箱包风格上具有强烈的视觉冲击，不同的褶皱花样工艺表现，使箱包的整体装饰效果更加突出、层次更加丰富。最常见的褶皱造型有花朵式、风琴式和水饺式，其造型表现具体如下。

23.打褶皱结构箱包
的出格

（1）花朵式褶皱。这种褶皱是设计像花朵一样的褶皱。按照不同的花样设计，在面料的背面画上设计好的花样线条，运用手工缝线、抽绳等各种不同的工艺方法表现花朵的褶皱效果。普拉达（Prada）手袋上的花朵式褶皱、玛尼（Marni）手袋上的抽绳花朵式褶皱，如图2-117。

图 2-117 花朵式褶皱

（2）风琴式褶皱。这种褶皱是像手风琴那样在某部分面料上设计成横竖有秩的褶皱层次。在面料上先压好有规律的直线层次、两端固定后与其他部件缝合的褶皱工艺表现，风琴式褶皱局部可以拉伸。宝格丽（Bvlgari）手袋上的竖条纹褶皱、Angel Horse手袋上的横条纹褶皱，如图2-118所示。

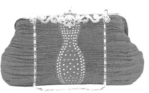

图 2-118 风琴式褶皱

（3）水饺式褶皱。这种褶皱是在箱包部件的某个边缘打几个或多个褶皱的工艺表现形式，像水饺一样中间拱起的立体造型效果。这种箱包可以装入更多的物件，水饺式的褶皱效果最常用。路易·威登（LV）手袋上的单边缘、迪奥（Dior）手袋上的多边缘褶皱，如图2-119。

图 2-119　水饺式褶皱

2.箱包褶皱的工艺方法

在箱包设计中，常用的褶皱工艺可分为单褶、碰褶、背褶、通褶、死褶、拉橡皮筋六种，不同类型的褶皱工艺，其制作方法也有所不同。

（1）单褶工艺。单褶是由相邻间距的三个褶位向一个方向折叠而形成的褶皱。单褶工艺制作方法是在面料的边缘先打三个相邻间距的褶位，然后以中间褶位为中轴，由其中一边的褶位点向另一个褶位点折叠，两边的两个褶位层叠形成单个褶皱。如图2-120所示。

（2）碰褶工艺。碰褶是在同一位置同时打两个褶皱，方向相对，两个褶皱相碰在一起。碰褶工艺制作方法就是向相对方向打两个单褶。如图2-121所示。

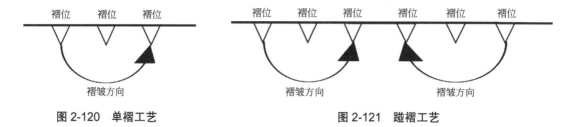

图 2-120　单褶工艺　　　　图 2-121　踫褶工艺

（3）背褶工艺。背褶是在同一位置同时打两个褶皱，方向相反，两个褶皱之间形成一定的距离。碰褶工艺制作方法就是向相反方向打两个单褶，如图2-122所示。

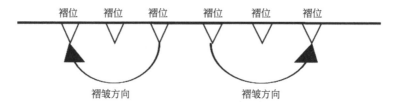

图 2-122　背褶工艺

（4）通褶工艺。通褶是在同一褶位线位置上下或左右的边缘褶位点同时一起打褶皱，可以连续同一方向，也可以不同反方向。通褶工艺制作方法，如图2-123所示。

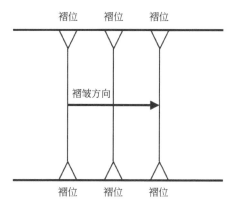

图 2-123　通褶工艺

（5）死褶工艺。死褶是所打褶皱的部分或全部用线缝制起来，不能活动。死褶工艺制作方法，如图2-124所示。

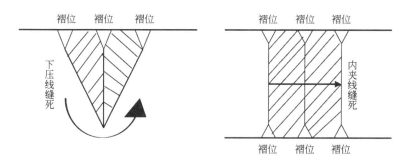

图 2-124　死褶工艺

（6）拉橡皮筋褶皱工艺。拉橡皮筋褶皱工艺是运用橡皮筋的弹性与面料缝制在一起收缩形成规律的褶皱效果。拉橡皮筋褶皱工艺制作方法，如图2-125所示。

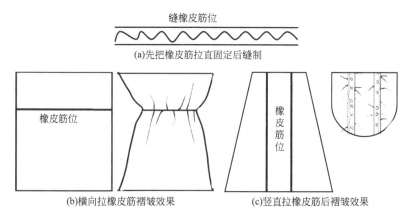

图 2-125　拉皮筋褶皱工艺

3.打褶皱结构的箱包出格示例（实物样板）

以一款袋口打褶皱的女士单肩包为例。标注尺寸大小的样板图，如图2-126所示。

袋子类型：休闲型。

部件结构：外部部件包括前幅料、后幅料、肩带耳仔；内部部件包括前幅里布、后幅里布、内拉链窗、吊里。

出格步骤：先出前后幅主格，加上打褶皱位置，分割得前后幅左、中、右三件料格、袋口衬料格；再出耳仔、拉牌配件；然后出前后幅里布、吊里、内拉窗袋口贴；最后检验纸格，写资料卡。

运用箱包CAD出格软件依次绘制出各个部件纸格图。

具体出格步骤如下：

（1）出前后幅主格。先打中线，根据图形的尺寸和外形先做主格的纸样，袋口宽9″，袋身宽$12\frac{1}{2}″$、高7″，在纸样的边缘加上恰当的牙位，用来确定打褶皱之间的距离。如图2-127所示。

（2）出正格（前后幅）。前后幅是一样的形状，因为大身是打折做法，因此需要放大纸样，我们很难一次就把纸样的外形和尺寸做准确，这时就需要先用100g不纺织布来做实验，按前后幅主格上皱褶的数量，每一个皱褶之间的距离以及打每一个皱褶所需要的尺寸，来放大纸样需要打折边的边长，然后按打折的方向折好，再用前后幅主格纸样来修正，打开修正以后的不织布，按照不织布形状复制一件纸格出来，即为前后幅的正格。如图2-128所示。

（3）分割前后幅。前后幅左、中、右三件料格部件，是在前后幅正格基础上，分割出来加上缝位。如图2-129所示。

（4）出配件。出肩带耳仔、拉牌、内袋口不织布衬料配件料格。如图2-130所示。

（5）出内部部件。出内里、内拉窗袋口贴料、内插袋。如图2-131。

图 2-126　袋口打褶的女士单肩包

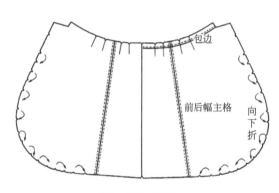

图 2-127　步骤一

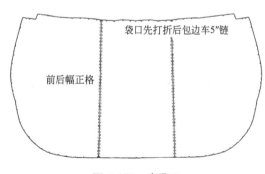

图 2-128　步骤二

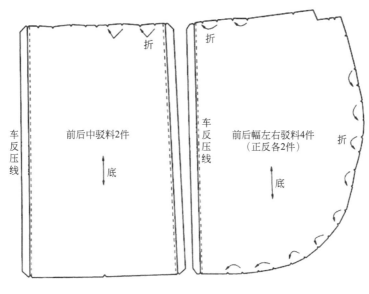

图 2-129　步骤三

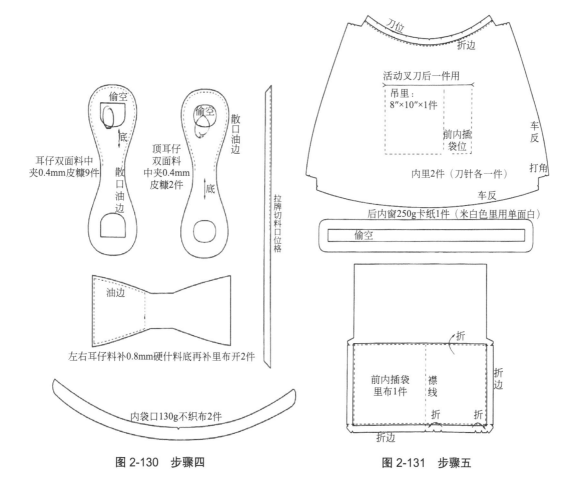

图 2-130　步骤四

图 2-131　步骤五

（6）写资料卡。在资料卡内写上格件上需要的配件信息。资料卡是制作样板所需要物料的详细说明和重要依据。如图2-132。

资料卡					
款号：**				时间：*年*月*日	
纸格总数：11					
物料名称	裁片名称	用量	规格尺寸/英寸	备注	
配料	吊里	1	8×12		
5#金属拉链	袋口	1	10	单头+D扣；包尾	
3#尼龙拉链	后内拉窗	1	7	单头+D扣	
3/8圆扣	肩带	2			
5#五金拉牌	袋口	1			
3#五金拉牌	内后拉窗	1			

图2-132　步骤六

五、有盖头结构箱包的出格

　　盖头是箱包的一种常用开关方式，因弯折的造型结构以及面料的特性不同，使盖头的工艺结构需要特殊的工艺处理，从而达到盖头不同的结构设计要求。

24.有盖头结构箱包
的出格

1.有盖头结构箱包的造型特征

　　有盖头箱包是指箱包的一个或几个部位设计中有盖子工艺制作的类型箱包。邮差包、公文包、剑桥包是最典型的有盖头的工艺结构。

　　盖头开关常用的有磁扣开关、魔术贴开关、各种五金锁开关、俐仔开关等。盖头的净宽度算法（不包含折边位）：袋口的实际宽度一般就是盖头的宽度。

　　盖底的净长度算法：盖头在后幅所占的高度+袋口的宽度（不少于$1\frac{1}{4}''$）+盖头前幅所占的高度=盖头的总长度。如图2-133。

2.盖头常用做法

　　箱包盖头工艺方法类型包括散口油边、有折边、车反压线。箱包盖面通常用皮革材料，盖底有用面料，也有用里布的。

　　常用的工艺方法是折边对碰车盖头。出格时，盖底比盖面要短1.5分。因为盖头要做弯位，制作时拿着盖底和盖面的不织布或卡纸，头对头尾对尾，把中间1.5分的弯位连接起

图 2-133　有盖头结构箱包

来。盖面和盖底料在袋口尺寸位置，要对应加上做弯位的前后牙位，方便台面准确定位需要做弯位的位置，如果盖底是做里布，盖底托底不织布或卡纸的三边要根据皮革材料的厚度适当加大少许，因为里布比面料薄，不加大托底，盖面车线会车不到盖底。

盖头车反压线或双面中夹料的散口工艺方法是盖底和盖面一样长，盖头车反压线做法，前部分中间有托料也有不托料，后半部分一般不托料，因为托料会使盖底起皱，不美观。

盖头出格要注意盖面后边一般是包盖底折边再装盖头，如果盖头和对应的袋子是车在同一个平面上，一般是盖底包盖面折边后再车。还有一种装盖头的做法，就是先车反再压线。

3.有盖头结构的箱包出格示例（实物样板）

以一款有盖头结构的女士单肩包为例。测量实物样板，在图上标注尺寸大小，如图2-134。

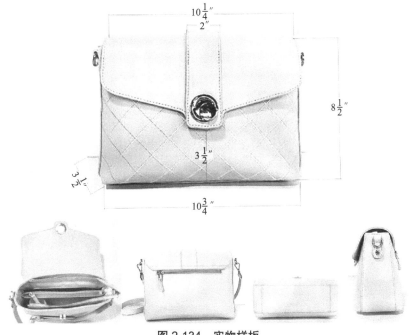

图 2-134　实物样板

袋子类型：半定型。

部件结构：外部部件包括前幅料、后幅料、侧围、袋底、盖头、肩带耳仔；内部部件包括内贴、链贴、前幅里布、后幅里布、中格、内拉链窗、吊里。

出格步骤：先出前后幅料格、侧围、底、盖头里料、盖头面料、盖头内衬料、内贴、袋口衬料格；再出耳仔、拉牌配件；然后出前后幅里布、吊里、内拉窗袋口贴；最后检验纸格，写资料卡。

运用箱包CAD出格软件依次绘制出各个部件纸格图、打印切割出各个部件的纸格。如图2-135。

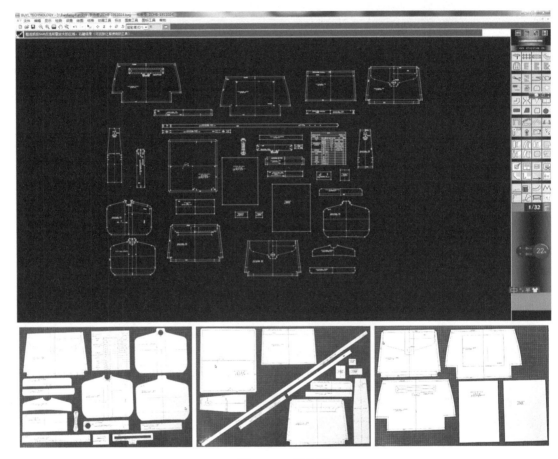

图 2-135　纸格图

具体出格步骤如下：

（1）出前幅料格、前幅托衬料格、后幅料（配托料）格、前幅袋口加托料格、前幅下边加托料格。

打中线，画出前幅料格袋口边宽$10\frac{1}{4}''$、袋底边宽$10\frac{3}{4}''$、高$8\frac{1}{2}''$，下边角是打角结构，打角深度$\frac{1}{2}''$，添加袋口边托折2.5分，侧边搭位2.5分，底边搭位2.5分。然后在前幅料格袋口边画出盖头盖在前幅的形状、袋口托料形状用来对位。在纸格上写上部件名称、弯位对位点、开料要求。

前幅托衬料格是把前幅料格袋口托折位去掉即可得出来。

后幅料（配贴料）格是把出前幅料格袋口托折位改为铲边托折，然后画出盖头盖在后幅的形状和后幅拉窗的形状。

前幅袋口加托料格、前幅下边加托料格分别是依据前幅料格的形状得出，高度1″，并做圆角处理。如图2-136所示。

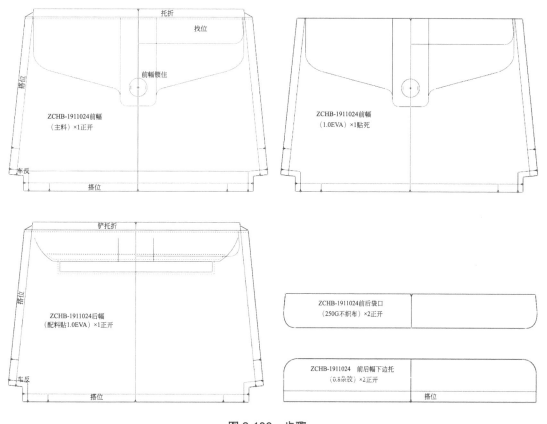

图 2-136　步骤一

（2）出侧围+袋底一半正格、侧围料格、袋底料格。侧围+袋底一半高度$10\frac{3}{4}$″，宽$3\frac{1}{2}$″，然后分割出侧围料格（配托料）、袋底料格（配托料），侧围料格袋口边缘铲折边、侧边油边、底部搭位，画出耳仔位和钉位；袋底料格四边油边。在纸格上写上部件名称、弯位对位点、开料要求。如图2-137。

（3）出盖头正格、盖面料格、盖底料格、盖面托衬料格、盖面加托衬料格、盖面俐仔料格、盖俐仔托衬料格、后盖位托衬料。

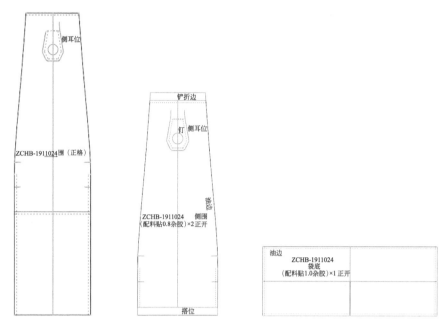

侧耳位

铲折边

钉 侧耳位

ZCHB-1911024围（正格）

ZCHB-1911024 侧围
（配料贴0.8杂胶）×2正开

搭位

油边

ZCHB-1911024
袋底
（配料贴1.0杂胶）×1正开

图 2-137　步骤二

依据前后幅上画出的盖头形状，加上盖顶面弯位宽度3″，画出弯位线，得出盖头正格，再画出盖面俐仔的位置。

由盖头正格得到盖面料格（配托料），写上部件名称、弯位对位点、开料纹理方向特殊要求。

盖底料格是对盖面料格进行弯位处理，在弯位宽度减去1.5分得到。

依据盖面料格上画出盖面加托衬料位置，得到盖面托衬料格、盖面加托衬料格。

依据盖面料格上画出盖面俐仔形状，分别画出盖面俐仔、盖俐仔托衬料格、后盖位托衬料。在纸格上写上部件名称、弯位对位点、开料要求。如图2-138所示。

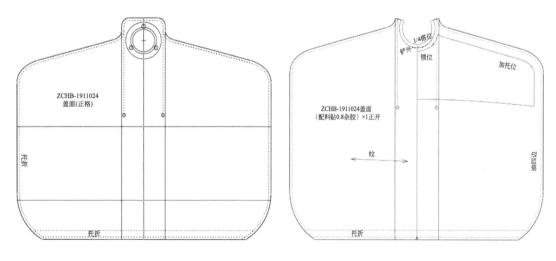

ZCHB-1911024
盖面(正格)

托折

托折

1/4搭位

铲外

锁位

加托位

ZCHB-1911024盖面
（配料贴0.8杂胶）×1正开

纹

功能油边

托折

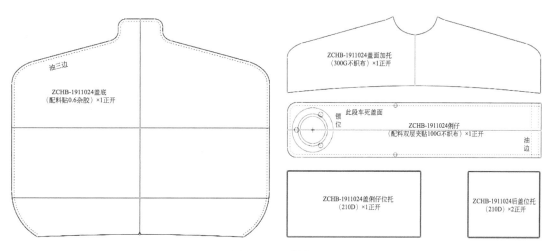

图 2-138　步骤三

（4）依据前后幅料格的形状出内贴料格、链贴料格、链贴托衬料格、中格贴料格，宽度和高度均为通用工艺方法。在纸格上写上部件名称、中位线对位点、开料要求。如图2-139。

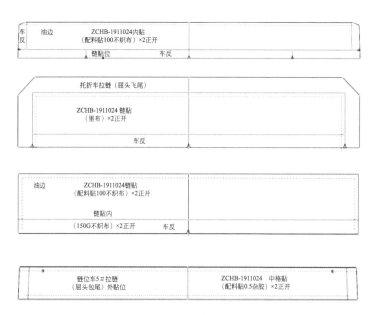

图 2-139　步骤四

（5）出前幅内里画线格、前幅内里、后幅内里。前幅内里为打角工艺方法，在纸格上写上部件名称、中位线对位点、开料要求。如图2-140。

（6）出中格里布、后内拉窗料格、后内拉窗托料、前内插袋、吊袋里。这几项均为通用工艺方法。在纸格上写上部件名称、中位线对位点、开料要求。如图2-141。

（7）出肩带料、耳仔料、拉牌、侧耳位托料、链尾料。依据样板实物尺寸得出。在纸格上写上部件名称、中位线对位点、开料要求。如图2-142。

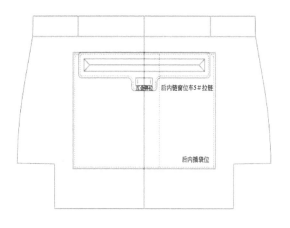

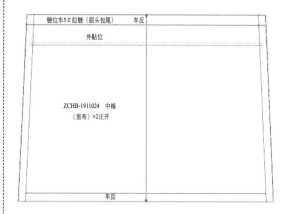

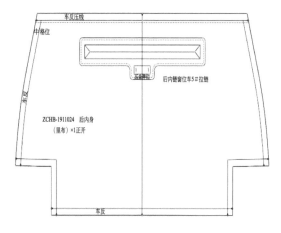

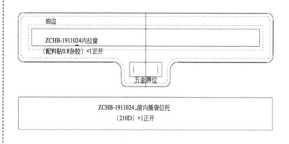

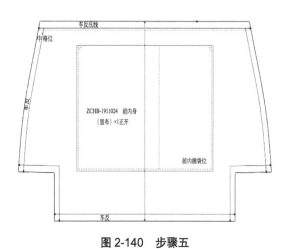

图 2-140　步骤五

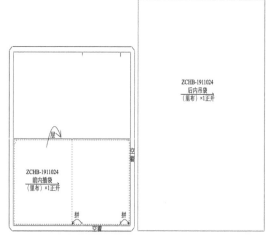

图 2-141　步骤六

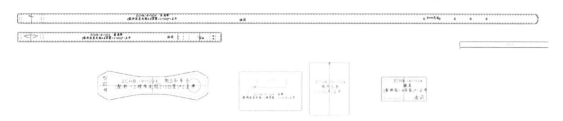

图 2-142 步骤七

（8）写资料卡。在资料卡内写上格件上需要的配件信息。如图2-143。

资料卡					
款号：ZCHB-1911024				时间：2019/11/23	
纸格总数：33				工艺格数：2	
物料名称	裁片名称	用量	规格尺寸/英寸	备注	备注2
配料	内拉牌	2	$3\frac{1}{4} \times \frac{3}{4}$	对折出3/8车四方线	
	中格包链尾	1	$1\frac{1}{4} \times \frac{3}{4}$	执色	
配料双层夹贴210D	肩带介仔	2	$2\frac{1}{2} \times \frac{3}{8}$	油边车两边线车反1/8	
5#尼龙拉链	后幅	1	$8\frac{1}{2}$	单头五金夹+拉牌	
	中格	1	$9\frac{1}{2}$	单头D扣+拉牌屈头飞围	
	后内	1	8	单头D扣+拉牌	
5#金属拉链	链贴	1	12	单头五金夹+拉牌	
10mm×10mm刻字棋仔钉	侧耳	2套			
5/8D扣	侧耳	2			
3/4狗扣	肩带	2			
3/4针扣	肩带	1			
3/8D扣	内拉牌	2			
拉牌五金夹	外拉牌	2			
锁	盖前幅	1套			

图 2-143 步骤八

实训项目作业：

自己设计打角结构、埋反结构、铰口结构、褶皱结构、有盖头结构类型的箱包各一款，并进行出格实践，在各个部件上标注详细的制作工艺说明。

| 25.高车合袋口工艺制作 | 26.拉骨工艺 | 27.内里中格车缝工艺 | 28.内里中格台面工艺 | 29.女时装包出格工艺过程 | 30.手腕的工艺制作 |

任务七　箱包的制作工艺流程

知识点	技能点	实训项目
裁料、台面、缝制、清洁与整型工艺； 裁料、台面、缝制、清洁与整型工艺的步骤； 裁料、台面、缝制、清洁与整型工艺的注意事项	会裁料制作工艺； 会台面制作工艺； 会缝制制作工艺； 会清洁与整型制作工艺	3款箱包的裁料、台面、缝制、清洁与整型的实践

 一、裁料工艺

1.裁料工艺特征

31.裁料工艺

　　箱包的裁料是箱包产品生产过程中的第一道工序，开料质量的好坏直接影响到产品的质量和产品的成本。包括冲床开主料、开配料、开里、开托胶、开海绵、开纸、开杂辅料、开包边条等。

图2-144　划样

　　（1）裁料的步骤

　　①选样。把皮料摊放在台面上，查验皮张的质量、伤残所在的部位及可否利用情况，按质量进行分档。

　　②排料。排料时一般要遵守下列规则：先排大纸格，后排小纸格；排料要考虑原料的表面花纹及内材质地。一般先排前后幅、横头、侧围、包盖等主要面料，然后再排小料和次要部件材料。

　　③划样。皮张选好审定后，把单张皮平铺在台面上，将所需样板铺好，并检查皮面上的伤残能否利用和避让。如图2-144。

　　④裁样。裁样的方法一般有两种，一种是用剪刀

裁剪，另一种是用划刀裁剪。裁料前应由专门的人员将皮按纸格划好线，避开残缺部位，确保产品皮料的完好性。

（2）裁料的注意事项

要正确处理面料的纹路，表面花纹是正放、斜放、横放、倒放的，纸格亦应正排、斜排、横排、倒排。手袋原料的内在质地，特别是真皮，分横纹和直纹。用手抓住原料的两端张拉，有伸缩力的为横纹；无伸缩力的为直纹。横纹有较强的复折力，需时常摆动的包袋盖、手挽、背带，宜按横纹排料。直纹有较强的支撑力，可承受挤压而不变形，前后幅及大多数元件，宜按直纹来排料，横纹在车的过程中可能会变长，而直纹则不会，要特别注意。

2.裁料工艺示例

裁料工艺的排料、剪刀材料、介刀裁料示例，如图2-145所示。

图 2-145　裁料工艺

 二、台面制作工艺

1.台面制作工艺特征

32.台面制作工艺

　　箱包的台面制作工艺是箱包制作过程中重要的一个环节，台面手工操作工艺技术的高低直接影响到产品的质量，学台面有必要了解一下出格基础（如不同种类手袋纸口放位等），只有全面掌握一个手袋的制作流程才能合理科学地安排工序，提高工作效率、产品质量。

（1）台面制作的内容

箱包制作过程中手工操作技法工艺，包括领料、查片、折边、推竹、手工、打孔位、部位黏合、包底、套袋口、修边、刷胶水、油边、打五金等。

（2）台面制作的工具及种类

台面制作的工具有台面、铁锤、胶钳、剪刀、介刀、钢尺、铁板、推竹、打钉机 、五金冲模、水银笔、磨边机、火烙机、折边机、电烙铁、胶板，烫皮机、打磨机、锥子、铁夹、白胶、粉胶、双面胶、502胶水等。

（3）台面制作工艺方法

① 片削工艺：片削是将产品的零、部件按工艺要求使边缘片削成一定规格，从而适合下道工序加工的要求。一定做到使零、部件的连接处、折处、压茬处平服、整齐、美观，避免因零、部件接缝、折边、压荐部件过厚，影响产品的质量和外观。

② 部件边缘的修饰与镶接：部件边缘的修饰与镶接工艺，在箱包产品上用得非常广泛。边缘的修饰与镶接工艺是在片边的基础上进行的。同时，它又是缝合的基础。边缘的修饰通常有染色边、折边、镶边、滚边、撩边等。

③ 胶黏工艺：胶黏工艺是指把面料与箱体或衬料通过黏合剂黏合成一体的过程。黏合工艺可分为立体件的黏合和平面件的黏合两种类型。

④ 粘贴工艺标准与流程：

凡硬袋（贴纸皮）的应做胶水粘贴工作。

应将所有需要折边的料、咭纸、里准备好放一边，然后逐一搽胶水。

待料上的胶水稍干后再将纸皮贴上，里布同纸粘贴，只在其纸口四周稍搽胶水即可，中间不搽胶水。

折边时两个手同时进行，即一只手按料，一只手折边。

折边时料与人呈45°角，放置在台面上，一点一点地折。

胶料可用推竹协助折边。

真皮带弧度的位置可用夹子或锥子一点一点地折边。

（4）台面制作工艺注意事项

① 台面为配件组合及全检工序。

② 产品组合要佳，不可错位。

③ 选择胶水，在产品两面打上胶水，等干后黏合。

④ 粘胶部位不可开胶。

⑤ 包边要包紧，不能包空，不能露假线，接口不能出现毛须边。

⑥ 手挽及袋盖类连接的耐破度要达到21磅（1磅=0.454千克）。

2.台面工艺示例

台面工艺的刷胶水、折边、手工铲皮、铲皮机铲皮、钉标志、压印标志、粘边、锤边、油边、钉五金，如图2-146所示。

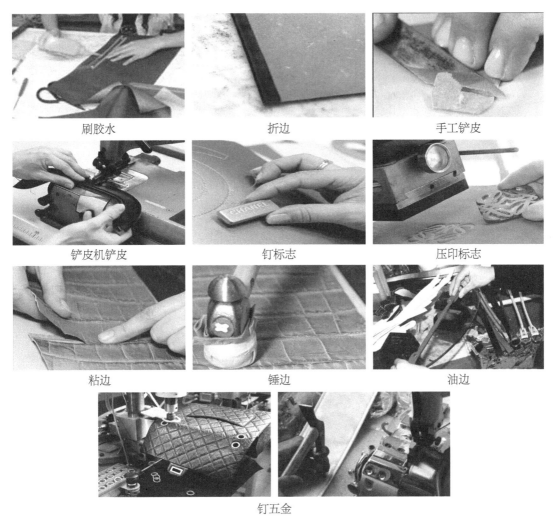

刷胶水　　　　　　　　折边　　　　　　　　手工铲皮

铲皮机铲皮　　　　　　钉标志　　　　　　　压印标志

粘边　　　　　　　　　锤边　　　　　　　　油边

钉五金

图 2-146　台面工艺

33.缝制工艺

三、缝制工艺

1.缝制工艺特征

车缝工艺就是把部件结合起来的一种工艺，是反映包袋整体设计的极为关键的表现方法，同时，也是连接结构制图与生产样板制作的桥梁，只有合理地确定各部件的缝制工艺才能保证整包制作的完善。

（1）常用缝制工艺名词

搭位：两个部件平面重叠缝合，压在下面的部件被上面的部件压盖的位置。

绗缝

搭位

车反

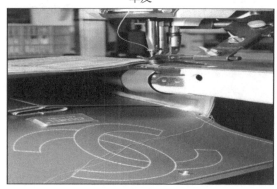
埋反

图2-147　缝制工艺

车反：两个边缘形状相同的部件从面料的反面缝合。

折边：一种修饰不美观部件边缘的方法，即把材料的边缘折回到背面隐藏起来。

埋反：由两块不同形状的物料，在反面车缝暗线，由平面变成立体的过程。

（2）缝制工艺种类与方法

缝制工艺是包体部件之间的固定方式，包括连接方式、接缝种类、缝制方法与边缘的修饰。缝制方法主要有透针缝合、胶黏、焊接、撩缝等4种方式，其中以透针缝合方式最为常用，撩缝主要应用于局部装饰。而焊接方法应用得很少。最常用的连接固定材料是缝制用线，因此，缝制线的质量和特性对包体的使用影响非常大，保留在包体表面的缝线很可能由于磨损而断裂，影响包袋的使用寿命。与此同时，这些面线也对包体的外观起到一定的装饰作用，应根据具体情况来选用。

（3）缝制注意事项

① 根据产品要求选择车针、面线、底线。

② 一般针距为1寸内7针或8针。

③ 车线要直，产品正面车线不能起珠。

④ 依据材料厚度调整压脚压力，并调整好针距。

⑤ 针车过程中抛线、跳针、断线都不接受。

⑥ 针车时如有特殊要求距边位，要做好定位保持一致。

⑦ 针车要准不能有针孔、超针。

⑧ 试车检查线距、距边位符合要求后批量生产。

2.缝制工艺示例

缝制工艺的绗缝、搭位、车反、埋反。如图2-147。

四、清洁与整型工艺

1.清洁与整型的概念

清洁是专门人员将箱包产品在制作完成过程中，面料上面被弄脏的地方擦拭干净或用专门的清洁剂等把产品清洁干净的工艺。

整型是对产品进行修整外形以形成完美外形的工艺。包括拉伸边角，填充内充物，使箱包造型饱满，轮廓线清晰。

2.清洁与整型的方法

（1）清洁

箱包在生产过程中，产品材料里、外沾上污物是非常常见的，而沾上不同性质的污物清洁的方法是不同的。一般的脏污用清水、湿布擦干即可，如果是黏合剂造成的沾污则需要用生橡筋胶块和有机溶剂才可以消除。因此，在产品的制作过程中应尽量注意清洁卫生。

（2）整型

① 整形。在产品制作后期，需要对产品进行整形以形成完美的外形，另外，在产品的搬运和堆放过程中，也会造成产品变形或局部变形，同样需要进行整形。经过整形使产品造型饱满，轮廓线清晰、自然，符合设计的要求。具体做法是：用工具把产品表面下陷部位拉出、圆角修圆、边角挺出、边沿捏平整。

② 修疵、补残。产品在制作搬动过程中，常会有划伤、擦伤、脱色、脱浆、起壳、起泡、脱胶、脱线、线头、线结、裂面等疵点。这些疵点会影响产品的外观质量和等级率，必须进行修补。皮革表面的擦伤、划伤、脱色、脱浆等需用皮革补残剂进行修补，脱胶则要再进行补胶，线头要剪去，跳线部分需返回生产车间修补。

③ 校配五金配件。产品上装有各种锁和五金配件，锁要进行校对，确定开关自如才为合格，系好钥匙确保使用安全。五金配件因生产过程中的种种原因可能会弄脏表面或造成镀层脱落，使配件表面光泽暗淡，这种情况需用干布把配件表面擦清洁，使五金配件表面光彩夺目，起到对产品装饰和美化的作用。如表面损伤严重，则需要更换相应的配件。

④ 防腐处理。产品在存放和搬运等过程中，因受自然条件的影响常会发生受湿和霉变现象，使产品质量下降。经过整理的产品内必须加放干燥剂、防霉剂，以防止产品受自然条件影响而发生霉变。

3.清洁与整型的工艺示例

清洁与整型工艺的擦胶水、剪线头、填充、包装示例。如图2-148所示。

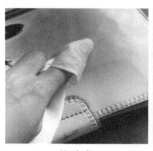
擦胶水

剪线头

整型处理、填充包装

整型后包装

图 2-148　清洁与整型工艺

实训项目作业：

对3款箱包进行裁料、台面制作、缝制、清洁与整型。

任务八　箱包制作工艺示例

知识点	技能点	实训项目
不同结构包袋的设计效果图； 不同结构包袋的三视图； 不同结构包袋的出格； 不同结构包袋的制作工艺流程	会不同结构包袋的设计效果图； 会不同结构包袋的三视图； 会不同结构包袋的出格； 会画不同结构包袋的制作工艺流程	设计与制作2款 不同结构的箱包

 打角结构包袋的制作工艺

　　本实例化妆包是常见的简约款型，采用格子图案的PU皮革面料、驼色的里布制作成型。本节将从设计稿、效果图、三视图，到出格工艺，最后完成实物样板的制作进行介绍。

35.打角结构包袋的
制作工艺

1.画设计稿与效果图

设计师在设计初期常用针管笔、秀丽笔等勾线稿的形式表现设计想法。然后手绘或用电脑绘图软件来上色、贴入材质来表现效果图。如图2-149、图2-150。

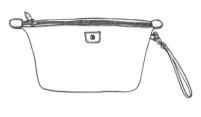

图 2-149　勾线稿

图 2-150　上色、贴入材质

设计工艺说明：本款化妆包主料选用了格子PU皮革面料，简洁大方又时尚，配料选用褐色PVC皮革。内里选用百搭的棕色光面里布。配件有棕色5#拉链布、金色5#拉链头一个、金色D扣一个，金色锥形爪扣五金一个。设计简约实用。

化妆包款型工艺设计是运用大身一件的打角结构来成型，制作过程简便。采用此制作工艺结构既可最大程度利用化妆包的盛放空间，批量生产时也可节约材料成本和时间成本。

2.画三视图

根据设计稿效果图确定化妆包的实际制作尺寸，并用三视图标注出来。如图2-151。

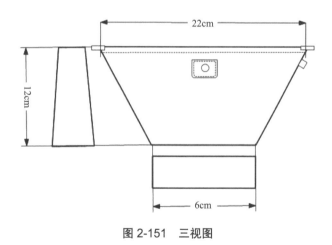

图 2-151　三视图

3.出格

在出格之前，先分析包型结构工艺，本款化妆包是上下、左右对称形，底部打角成立体造型。里布是和面料先夹缝拉链布后，从内部一起打角缝合，最后翻袋成型。

（1）根据三视图的包形尺寸来确定包大身展开一片面料的尺寸。出大身纸样，打十字线，定宽度和高度，然后算出打角位尺寸。加上袋口两边的折边位、两侧车反、打角位的加工余量，切割纸格得到大身面料、同时也是里布料的纸样。如图2-152。

（2）出放入D扣耳仔料、前装饰贴料、链尾夹缝料、手挽料纸样，确定长度和宽度，分别加上折边和搭位的加工余量。如图2-153。

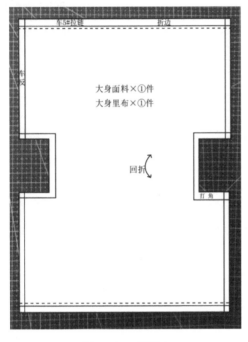
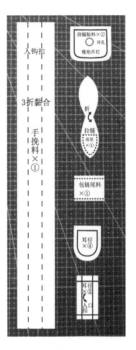

图2-152　纸样1　　　　　　　　　　　图2-153　纸样2

4.配料、划料与裁料

（1）先挑选合适的制作化妆包用的面料、里布和配料。分别把面料纸样、配料纸样平铺到面料和配料上，用水银笔进行划样。如图2-154～图2-156。

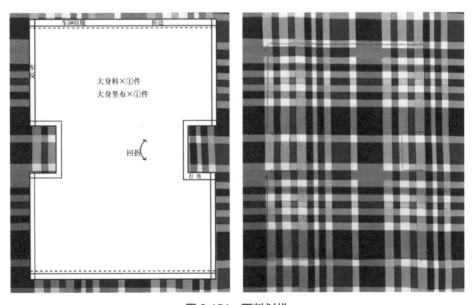

图2-154　面料划样

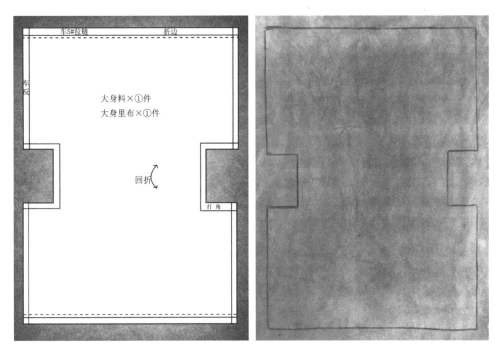

图 2-155　里布划样

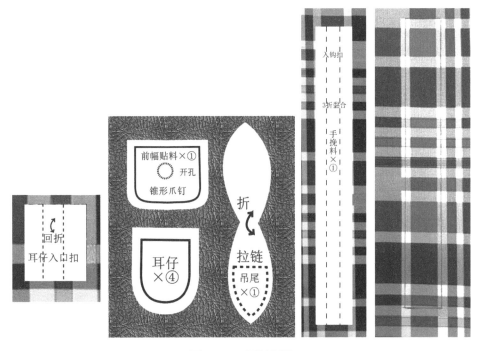

图 2-156　配料划样

（2）把画好的纸样形状用美工刀进行裁料，然后，按照整套纸格核对所有制作材料、配件是否齐全。如图2-157。

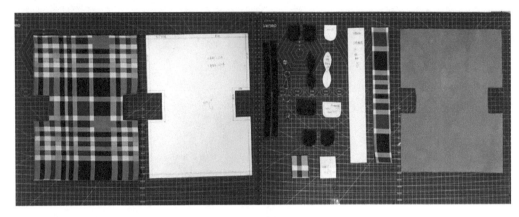

图 2-157　核对材料、配件

5.台面工艺制作

（1）把大身面料和里布背面上下两边的折边位分别刷上万能胶水，进行折边。如图 2-158。

图 2-158　折边

（2）先把拉链布两边分开，然后把折边后的大身面料、里布上下两边缘、拉链布两面再次刷上胶水待半干后，把拉链布粘贴在大身面料、里布上下边的中间，均匀露出拉链牙齿位置。如图2-159。

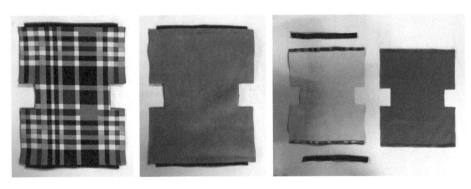

图 2-159　夹拉链布

（3）把耳仔料、手挽料两侧刷上胶水，然后手工折边。如图2-160。

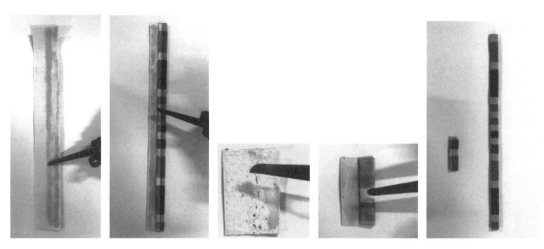

图 2-160　手工折边

（4）用锥子在装饰贴中间扎4个小孔，安装锥形爪扣五金，在背面加贴一层衬料防五金磨损面料。如图2-161。

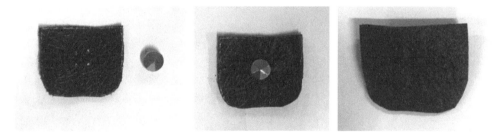

图 2-161　安装五金

6. 缝制成型

（1）把夹好拉链布的大身面料、里布上边再车缝一条线，固定拉链布。如图2-162。

图 2-162　车缝线，固定拉链布

（2）车缝大身前部已安装了锥形爪扣的装饰贴。如图2-163。

（3）把拉链吊尾车缝好，放入拉链头上的D扣里，把拉链头从袋口拉链一端穿入，拉合拉链布。如图2-164。

图 2-163　车缝装饰贴　　　　　　　　　　图 2-164　装入拉链

（4）车缝折边后的耳仔料、手挽料，分别放入D扣和钩扣。如图2-165。

（5）反袋，使内里到外面，车反缝合大身两侧，在一侧上端放入D扣耳仔。如图2-166。

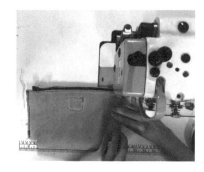

图 2-165　放入 D 扣和钩扣　　　　　　　图 2-166　放入 D 扣耳仔

（6）对齐拉合打角位，缝合打角位，如图2-167。

图 2-167　缝合打角位

（7）从拉链口反袋到正面，将袋口拉链头尾两端用棕色配料耳仔夹缝固定。把手挽的钩扣装入侧边耳仔的D扣内。如图2-168。

（8）最后成型，如图2-169。

图 2-168　钩扣装入 D 扣内　　　　　　　　图 2-169　成型

 埋袋底水桶包制作工艺

> 本实例水桶包是常见女包简约款型，采用PU皮革材质面料、激光布料、搭配金色圆环把手制作而成。本节将从设计稿、效果图、三视图，到出格工艺，最后完成实物样板的制作进行介绍。

1.画设计稿与效果图

设计师在设计初期常用针管笔、秀丽笔等勾线稿的形式表现设计想法。然后手绘或用电脑绘图软件来上色、贴入材质来制作效果图。如图2-170、图2-171。

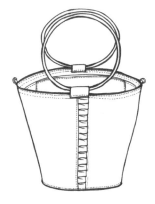

36.埋袋底水桶包制作工艺

图 2-170　勾线稿　　　　　　　图 2-171　上色、贴入材质

〔设计说明：本款水桶包主料选用了红色PU皮革面料，配料选用激光光泽的布料，配件选用金色圆环把手一个，D扣五金2个。设计时尚而精致〕

本款水桶包结构工艺设计是椭圆形袋底，袋身是一整块料围到前幅中间进行缝合，搭配激光布料制作的褶皱装饰边。配件是选用了金色圆环把手，袋口制作了备用放入D扣的耳仔，可以自己搭配链条长肩带使用。

2. 画三视图

根据设计稿的效果图确定水桶包的实际制作尺寸，并用三视图标注出来。如图2-172。

3. 出格

分析包型结构，椭圆形袋底与袋身前后两部分连接呈圆筒形，成立体水桶造型结构。

根据三视图的包形尺寸来确定包袋底、前后幅面料的尺寸。

（1）出袋底纸样。打十字线，先定宽度和高度尺寸。然后切割合适的圆角弧度，袋底边缘工艺标注为油边，切割纸格得到袋底面料，同时也是里布料、袋底衬料的纸样。如图2-173。

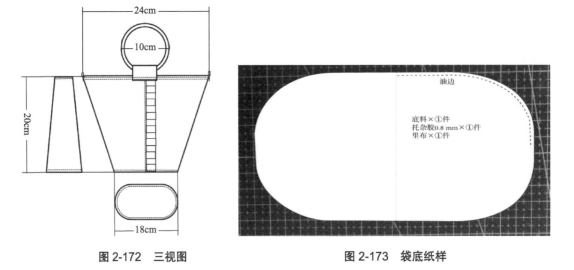

图 2-172　三视图　　　　　　　　　　　图 2-173　袋底纸样

（2）出大身料、大身料衬料、内贴以及里布纸样。大身料的上下两边长度要和袋底的周长相等，然后在两侧边标注搭位和油边的加工余量，上下两边标注油边、搭位加工余量。从大身料纸格上分解出大身料衬料纸样、内部部件的内贴和里布纸样，分别标注不同的加工余量。如图2-174。

图 2-174　大身料、大身料衬料、内贴、里布纸样

（3）出内吊袋纸样。本款水桶包内部空间设计了一个吊袋，大小为16cm×15cm，采用一块料回折的工艺。如图2-175。

（4）出前褶皱装饰料。设计了9个褶皱，每个褶皱深度为1cm。如图2-176。

（5）出放入D扣耳仔料。确定长度和宽度，加上折边加工余量。出圆环手挽耳仔料纸样，标注油边工艺。最后检查纸样是否完整，如图2-177。

4.配料、划料与裁料

（1）挑选合适的制作水桶包用的面料、里布和配料。分别把面料纸样、里布、配料纸样平铺到面料、里布和配料上，用水银笔进行划样，然后用介刀裁剪出来。如图2-178。

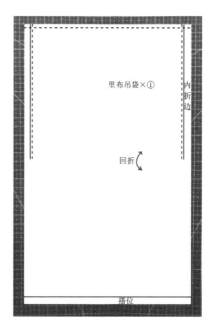

图 2-175　内吊袋纸样

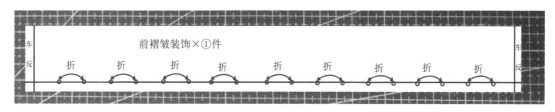

图 2-176　前褶皱装饰料

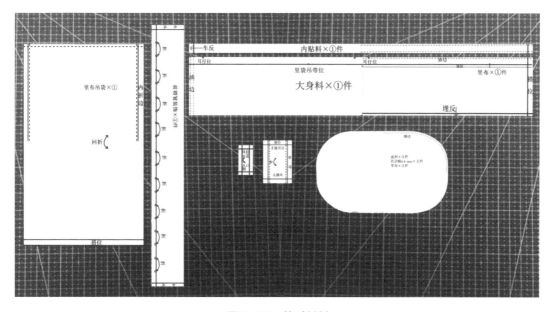

图 2-177　核对材料

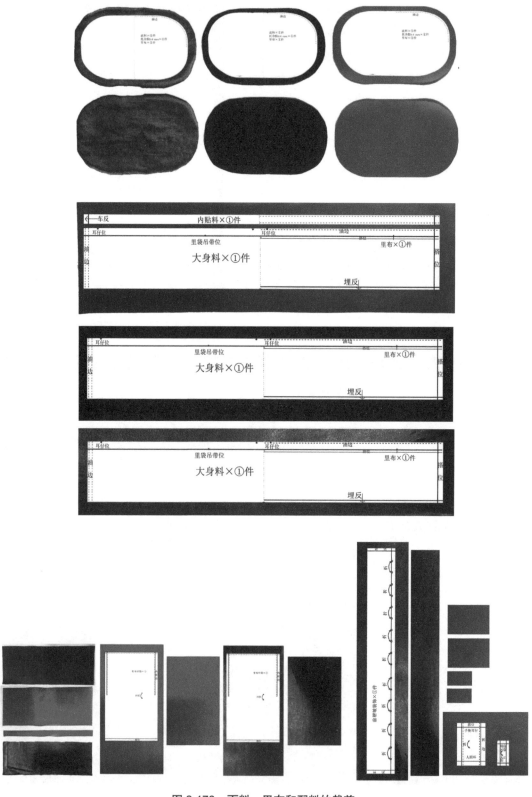

图 2-178　面料、里布和配料的裁剪

（2）按照整套纸格核对所有制作材料、配件是否齐全。如图2-179。

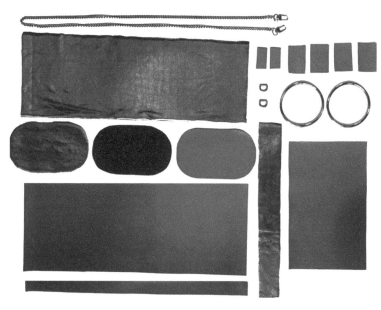

图 2-179　核对材料与配件

5.台面工艺制作

（1）把袋底面料、衬料背面刷上胶水粘贴在一起。如图2-180。

图 2-180　粘贴

（2）把D扣耳仔料背面刷上胶水后折边，圆环耳仔料背面刷胶水后两件进行对贴。如图2-181。

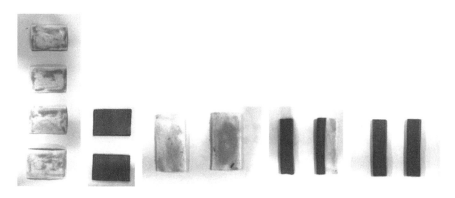

图 2-181　对贴

（3）对刷胶水对贴后的圆环耳仔料进行油边。如图2-182。

图 2-182　油边

（4）对大身料左侧进行油边备用。

（5）前褶皱装饰料背面刷胶水对贴后，按照纸样打褶皱。如图2-183。

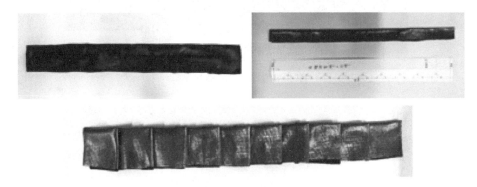

图 2-183　打褶皱

（6）里布背面上边刷胶水折边。如图2-184。

图 2-184　折边

（7）折边后的里布上边再次刷上胶水，内贴下边边缘正面刷上胶水，然后把这两部分黏合在一起。如图2-185。

图 2-185　黏合

（8）把内吊袋面料和里布边缘黏合在一起，回折成一边高，一边低，留出口袋位置。如图2-186。

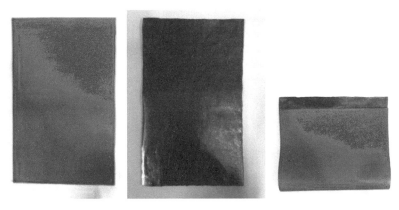

图 2-186　做口袋位

6.缝制成型

（1）缝合粘好内贴的大身里布。先缝合内吊袋两侧边，然后一起缝合内吊袋，缝上边缘一条线。如图2-187。

图 2-187　缝合

（2）缝合大身里布两侧边，呈圆筒状，再与袋底里布在背面缝合，然后翻袋备用。如图2-188。

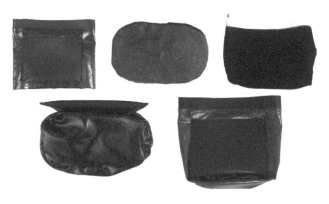

图 2-188　背面缝合，翻袋备用

（3）把D扣耳仔料、圆环耳仔料缝线后回折放入D扣和圆环，下边缘车线固定备用。如图2-189。

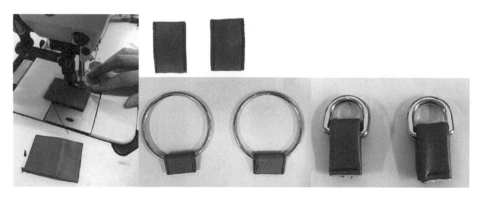

图 2-189　放入 D 扣和圆环

（4）用柱车车缝大身料前面中部，同时缝入褶皱装饰，缝合后袋身呈圆筒状。如图 2-190。

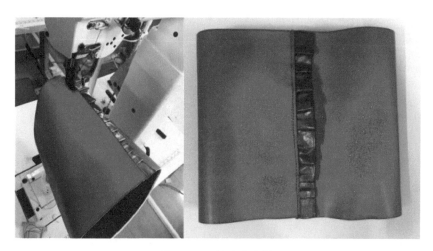

图 2-190　缝合大身料

（5）将缝合成圆筒形的大身料与袋底料缝合。如图2-191。

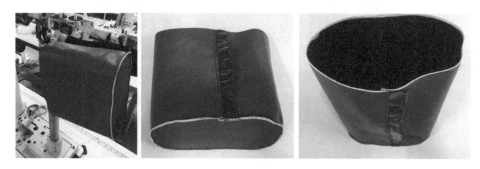

图 2-191　缝合大身料与袋底料

（6）把外部面料和里布圆筒形背对背套袋口，同时袋口分别放入手挽耳仔、D扣耳仔，在袋口一周进行最后的缝合。如图2-192。

图 2-192　最后的缝合

（7）将缝合好的袋口和底部双层边缘油边。如图2-193。

图 2-193　油边

（8）最后成型。如图2-194。

图 2-194　最后成型

实训项目作业：

设计与制作2款不同结构包袋的箱包。

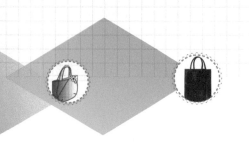

项目三
品牌箱包产品创新设计项目实践

知识点	技能点	实训项目
品牌箱包产品的创新设计方法与流程	会进行品牌箱包产品的创新设计	自选一个品牌箱包进行产品的创新设计项目实践

　　品牌箱包产品的创新设计是箱包企业保持其市场竞争优势的重要条件，企业的市场竞争力往往体现在其产品满足消费需求的程度和领先性上。消费需求的发展与变化要求不断有新的产品予以满足，企业若不能不断对自己的产品进行开发和更新，就有可能失去现有的市场，更难以去开发新的市场。品牌开发的设计师需要了解品牌产品市场动态，对新产品的市场进行调研分析，针对市场情况开发新产品，分析产品市场容量，调研有多少消费者可能成为新产品的买主，制订可行性开发设计方案。

　　新产品开发的程序一般可以分成构思、筛选方案、概念产品、商业分析、市场分析、产品试制、市场试销和批量上市等八个阶段。

　　本章项目实践以Joydivision Vintage品牌箱包为例，进行产品的创新设计。从品牌设计调研、设计主题定位，到画出设计效果图、设计结构图，再到出格与样板制作的流程，运用箱包设计方法，完成系列箱包产品的创新设计。如图3-1～图3-48。

品牌箱包产品创新设计项目

设计师：谭康健 王春浩

PowerPoint　　　　✦　　　　*PowerPoint*

图 3-1

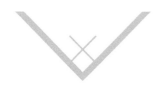

01
品牌调研
pin pai diao yan

图 3-2

品牌档案
JOYDIVISION VINTAGE
JOYDIVISION VINTAGE是Mao&Weng 在香港成立的品牌，由两位年轻的，嗜好音乐，文艺与复古的设计师打造的独立复古品牌，产品都为植鞣牛皮，成品十分耐用，会随着使用时间的推移，颜色逐渐变得更加深沉而有魅力。

图 3-3

品牌定位
高端定制
1000
传统
个性
JOYDIVISION VINTAGE
30
大众设计
品牌DNA
简约、时尚、功能、纯手工
价格定位
500～1000 元
档次定位
中高端，凸显年轻时尚和手工品质

图 3-4

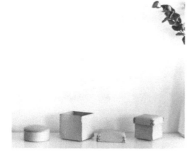

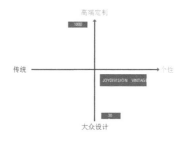

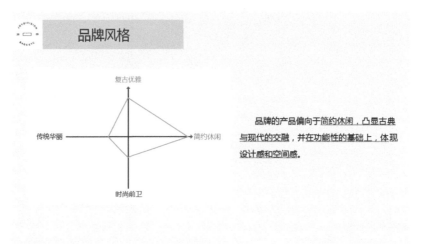

品牌的产品偏向于简约休闲，凸显古典与现代的交融，并在功能性的基础上，体现设计感和空间感。

图 3-5

设计元素		
品牌标志	品牌的标志和他们品牌的标识，在每个出品上，都会印"JOYDIVISION VINTAGE"的字句	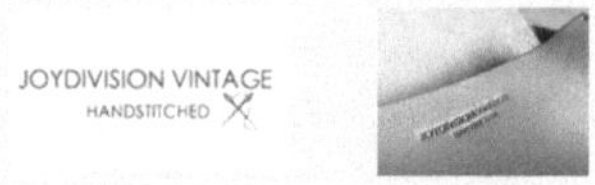 JOYDIVISION VINTAGE HANDSTITCHED
材质	因设计师的设计理念为回归自然，所采用的材料大多是以植鞣革为主	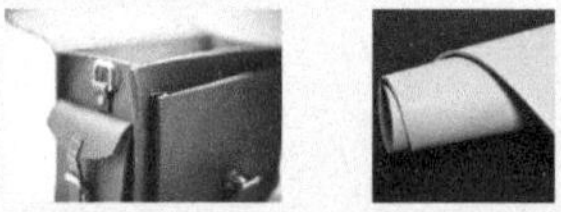
颜色	品牌的颜色大多取之于皮料本身或者经过氧化的色调，整体偏向于清新素雅	

图 3-6

设计元素		
配件	因为受到避免复杂性的理念影响，所以应用的五金配饰比较普通和简约	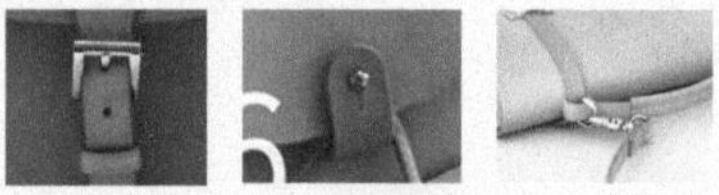
品牌经典	品牌的产品款式比较偏向自然复古，整体凸显韵味感	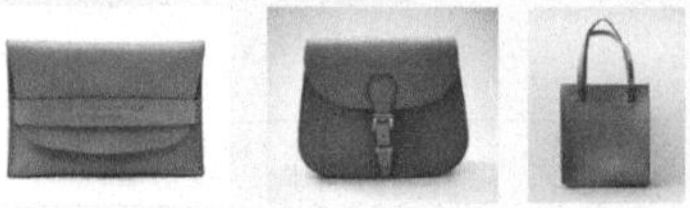
品牌新品	在开发设计箱包的同时，还兼顾了其他生活方面，销售的不是产品，而是一种生活方式	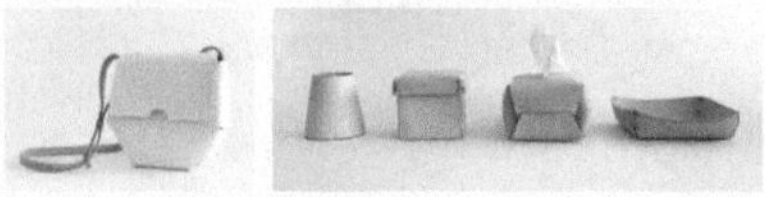

图 3-7

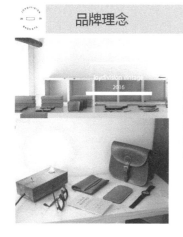

品牌理念
Joydivision vintage
2016
在现代社会中，速度可以作为一项重要的标准去衡量大部分事物的新鲜感，而这个新生品牌一直坚持手工匠人的“腔调”，它由始至终都在诠释“从生活出发，到自然里去 ” ”避免复杂”的设计理念。只抓取适合自身品牌调性的时尚元素去调整，即使是慢慢更改细小的差异，也要让受众感知到，这份微妙的变化时刻在涌动。

图 3-8

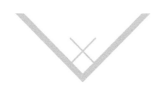

03
新产品设计主题定位
Xin chan pin she ji zhu ti ding wei

图 3-9

新产品LOGO设计
SUOXI
SELECTED FOR LOVE
圆形外轮廓代表着包裹一切的含义，符合品牌经典元素的设计，而黑白相间的字体在强烈的对比下体现出浓厚的现代设计风格，整体的设计偏简约而又不失其设计感，这恰恰凸显出了功能主义的重点。

图 3-10

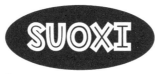

品牌商业定位

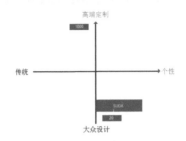

品牌DNA	简约、时尚、功能、环保
价格定位	200～1000元
档次定位	中低端，注重功能性和使用体验

目标人群：25～35岁，追求精致的生活，有一定消费能力的女性群体。

图 3-11

品牌款式

考虑到日常生活和外出所需，在注重功能性的理念上，所选的款式大多为托特包、小挎包和旅行用包等。

图 3-12

04
新产品设计方案
Xin chan pin shei ji fang an

图 3-13

品牌理念

在现代社会中，速度可以作为一项重要的标准去衡量大部分事物的新鲜感，但是也有一部分群体被时尚潮流所遗忘，而本品牌的初衷则是为这些被遗忘的妇女群体提供更好的生活体验，根据她们所需要的进行设计，注重人与产品的交互作用，避免华丽复杂的设计，只抓取适合自身品牌调性的时尚元素去调整。

图 3-14

客户调研

图 3-15

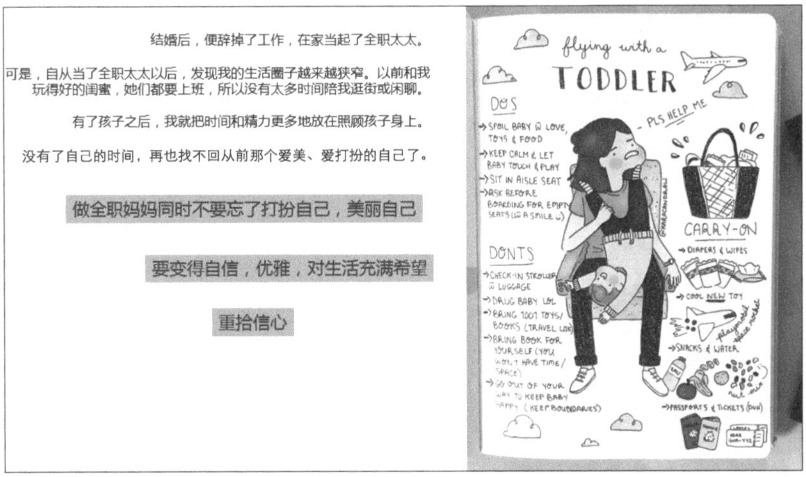

图 3-16

客户需求

客户：女性

角色：全职妈妈

价格：200～1000元

风格：复古感中体现简约，简约中强调功能

款式：手提包，购物袋

颜色：大地色系

结构：可手提、斜挎、单肩

装饰：简约大方，保证其功能性就好

功能：容量大，便携、易收纳，若有防水性能更佳

图 3-17

2020年箱包产品开发时间规划表（春夏款）											
时间	2019年9月	2019年10月	2019年11月	2019年12月	2020年1月	2020年2月	2020年3月	2020年4月	2020年5月	2020年6月	2020年7月	2020年8月
开发周期	2020春款				2020夏款			2020秋款			2020冬款	
产品企划案	2020春款			2020夏款			2020秋款			2020冬款		
面料工艺开发	2020春款			2020夏款			2020秋款			2020冬款		
制版、样板定版	2020春款			2020夏款			2020秋款			2020冬款		
出样	2020春款			2020夏款			2020秋款			2020冬款		
定样批量生产		2020春款			2020夏款			2020秋款			2020冬款	
广告宣传		2020春款			2020夏款			2020秋款			2020冬款	
销售	2019冬款				2020春款				2020夏款			

图 3-18

主题设计方向

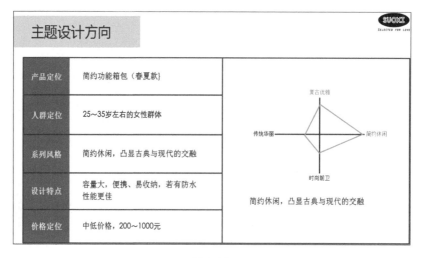

产品定位	简约功能箱包（春夏款）
人群定位	25～35岁左右的女性群体
系列风格	简约休闲，凸显古典与现代的交融
设计特点	容量大，便携、易收纳，若有防水性能更佳
价格定位	中低价格，200～1000元

复古优雅

传统华丽　　　　简约休闲

时尚前卫

简约休闲，凸显古典与现代的交融

图 3-19

灵感主题-折叠艺术

折叠是一门体现空间的艺术，通过简单的几何形体、点线结构等方式，可以营造富有空间感的形体结构和开合方式等。

图 3-20

色彩-大地色系

近几年来，大地色系在设计潮流中应用的比较多，这不仅仅是因为百搭，而且是因为人们开始重视人与自然的和谐。

图 3-21

设计功能-XXL号包

今年流行的这种，可以号称XXL号的包包，看起来特别有气势，更多强调女性主义。

图 3-22

图 3-23

风格-简约大方 款式简约大方，风格利落干练，兼顾美观的同时，将包包的实用性也发挥到了最大值。撞色拼接或异质拼接运用更加时尚。

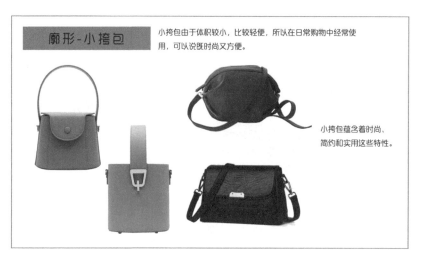

图 3-24

廓形-小挎包 小挎包由于体积较小，比较轻便，所以在日常购物中经常使用，可以说既时尚又方便。

小挎包蕴含着时尚、简约和实用这些特性。

图 3-25

廓形-托特包 托特包是英文"Tote"的音译，意为搬运、手提、携带、背负。所以，托特包的外形一般是较大的手提袋。

大容量、形状方正、拱形提手是托特包最早、也是最经典的设计。

材质——植鞣革+水洗牛皮纸

杜邦牛皮纸

植鞣皮鞣制完成以后不仅拥有光滑的质感，还能提高其耐用性，可用于包面制作。

杜邦牛皮纸，它比纸张更轻薄 却强韧耐撕，它拥有兼具布料与纸质感的综合性质。

植鞣革

图 3-26

工艺——折叠+皮革敲边

皮革敲边工艺主要应用在外小包上，可以增强美感和质感。

折叠是体现空间感的一门艺术，它不仅可增加内部容量，还可以在一定程度上符合现代艺术设计理念。

图 3-27

05
主 题 系 列 设 计 效 果 图
Zhu ti xi lie She ji xiao guo tu

图 3-28

图 3-29

图 3-30

图 3-31

高：35cm
宽：30cm
厚：10cm

图 3-32

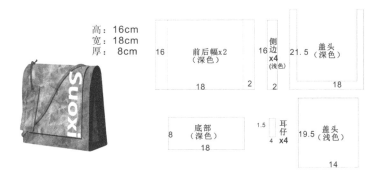

高：16cm
宽：18cm
厚：8cm

图 3-33

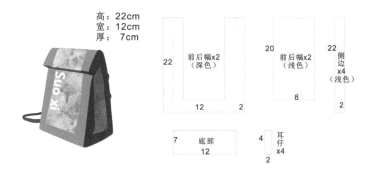

高：22cm
宽：12cm
厚：7cm

图 3-34

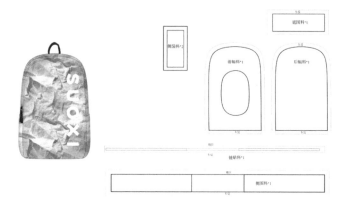

图 3-35

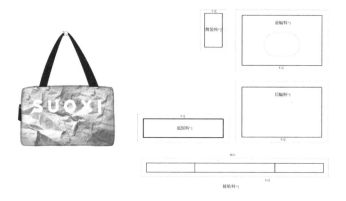

图 3-36

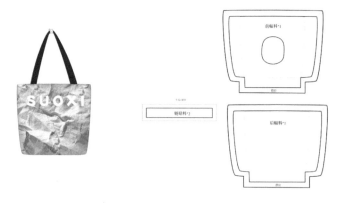

图 3-37

07

出格、开料、制作过程

Chu ge 、kai liao、zhi zuo guo cheng

图 3-38

图 3-39

图 3-40

图 3-41

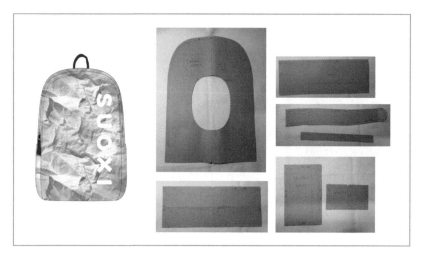

图 3-42

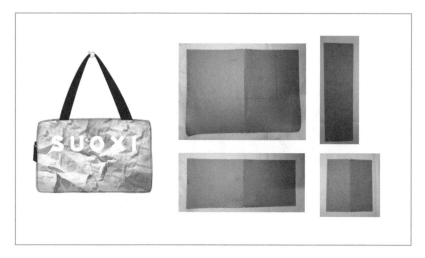

图 3-43

图 3-44

制作过程

出格 ➡ 开料 ➡ 缝合 ➡ 拍摄

图 3-45

08
成 品 展 示
Cheng pin zhan shi

图 3-46

图 3-47

图 3-48

实训项目作业：

自选一个品牌箱包进行产品的创新设计项目实践。

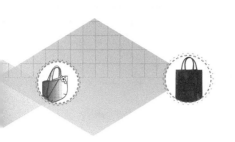

项目四
自主品牌箱包产品设计项目实践

知识点	技能点	实训项目
自主品牌箱包产品的创新设计方法与流程	会进行自主品牌箱包产品的创新设计	自定一个箱包品牌，进行产品设计项目实践

　　自主品牌箱包产品设计是箱包企业根据市场动态和需求情况，为自创品牌箱包进行品牌定位，在做深入的市场调研和分析后，进行设计定位与开发产品的过程。对自创品牌箱包产品进行品牌产品策划，制订可行性设计方案，包括品牌主题风格、消费群体、价格定位、流行趋势、结构造型、色彩、纹理、材质及装饰等设计元素等。

　　本项目实践案例以Blue Ocean自主品牌箱包项目进行产品设计，从品牌定位、客户需求调研、设计主题定位，到画出设计效果图、结构工艺图，再到出格与制版、制作成品的流程，运用箱包设计方法，完成系列箱包产品的设计项目。如图4-1～图4-37。

图 4-1

图 4-2

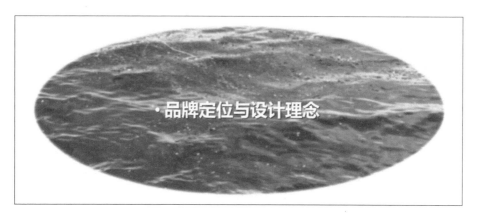

图 4-3

图 4-4

品牌名称：Blue Ocean

消费人群：18～35岁的女性

价格：300～500元

风格：休闲、度假

设计灵感：保护海洋迫在眉睫，我们追求没有塑料的海岸，还给海洋动物们一个纯净的生存空间

设计理念：将废弃的塑料二次改造成新的材料，重新利用。结合设计做成可循环利用的包包，颜色重叠产生不一样的效果，有更多搭配的可能性

图 4-5

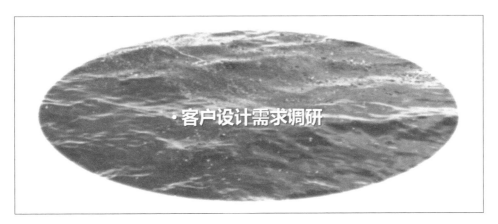

·客户设计需求调研

图 4-6

客户身份：年轻女性

价格范围：300～500元

风格要求：休闲、度假

款式：手挽/斜挎

材质：透明PVC+皮料

颜色：蓝色、绿色、灰粉色

结构：一层透明的PVC，一层内包

功能：方便出街、有一定可容量、百搭

尺寸/装饰：无要求

工艺：拼接、线迹装饰、褶皱等

图 4-7

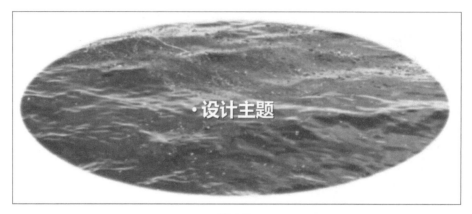

图 4-8

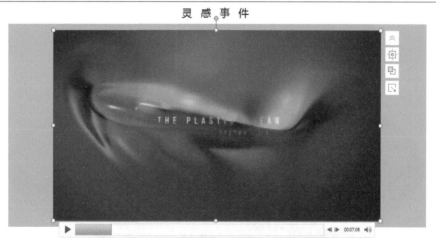

这是 Alkemy X 为 Sea Shepherd 海洋守护协会制作的一支公益广告。在短片开头，呈现出美轮美奂的抽象海洋景色，海里的生物看似非常惬意地游弋在水中，之后才发现都是虚假的表象，实际上它们在塑料中痛苦挣扎着，这种渴望生存的欲望与恶劣的海洋环境形成鲜明的对比。

图 4-9

随着海平面上升与塑料的不断消耗，海洋环境迅速恶化。把丢弃或烧毁的塑料废物回收，通过将废弃的塑料二次改造成新的材料，重新利用。结合设计做成可循环利用的包包，颜色重叠产生不一样的效果，有更多搭配的可能性，提高使用率。提醒人们，塑料有害，并希望以此激励大家重视环保，让海洋免受灾难。

图 4-10

图 4-11

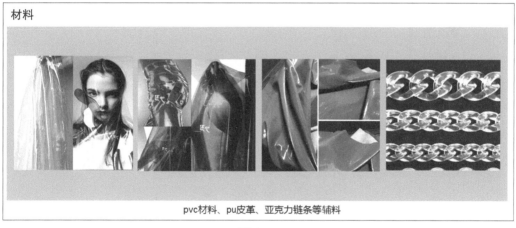

pvc材料、pu皮革、亚克力链条等辅料

图 4-12

手提包、手拿包

图 4-13

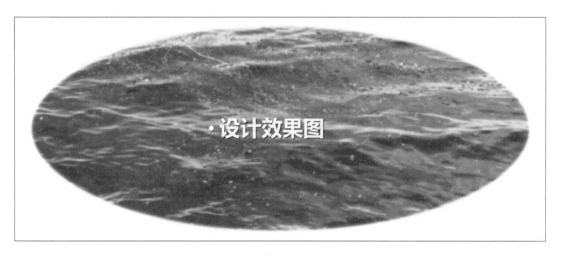

图 4-14

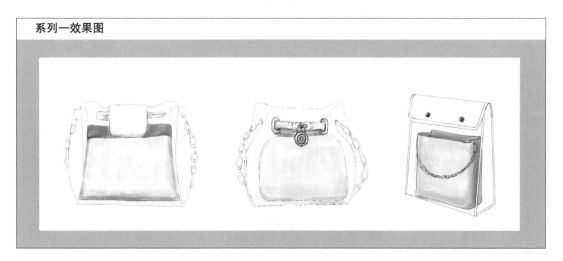

图 4-15

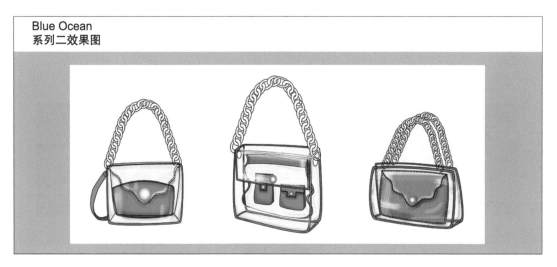

图 4-16

系列三效果图

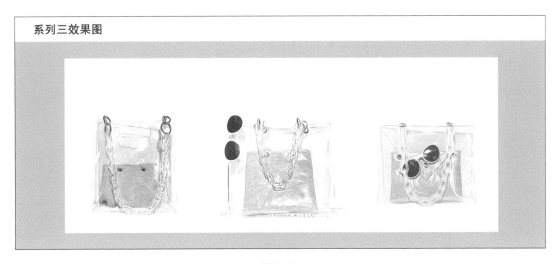

图 4-17

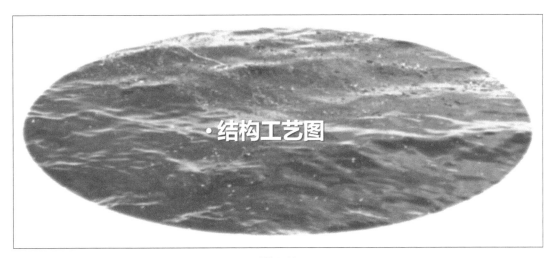

图 4-18

系列一结构工艺图

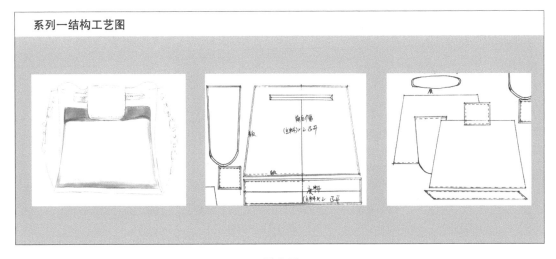

图 4-19

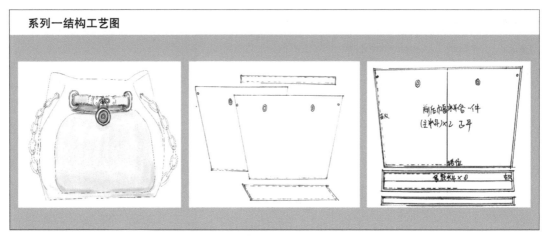

图 4-20

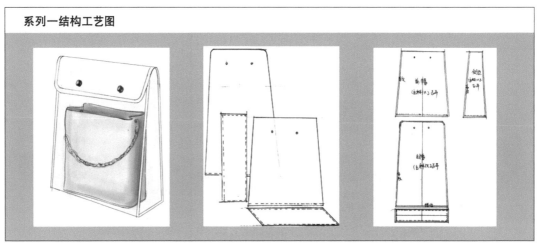

图 4-21

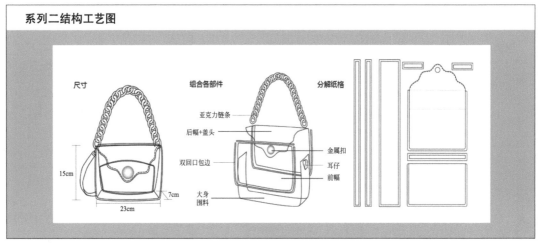

图 4-22

[金属磁铁扣×1；D扣×2；长肩带110cm×3cm×1；亚克力链条40cm×1；耳仔3cm×6cm×1；长包边条53cm×2.5cm×2；短包边条24cm×2.5cm×1；内包拉链17cm×2.5cm×1]

系列二结构工艺图

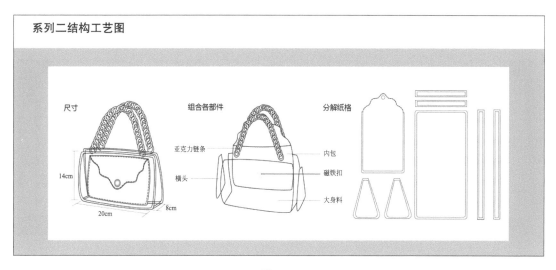

图 4-23

[金属磁铁扣 ×1；鸡眼 ×2；亚克力链条46cm×2；长包边条48cm×2.5cm×2；短包边条21cm×2.5cm×2]

系列三结构工艺图

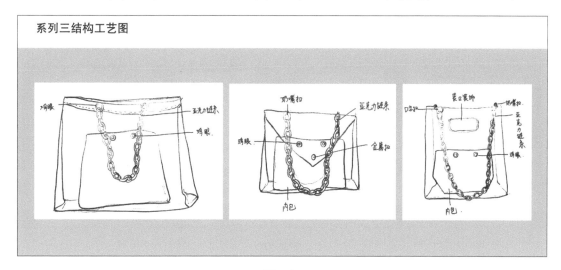

图 4-24

·出格与制版

图 4-25

系列一出格

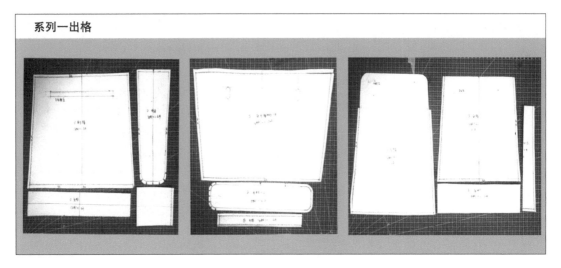

图 4-26

系列一纸模

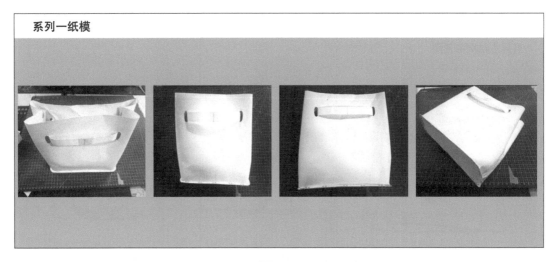

图 4-27

系列二出格

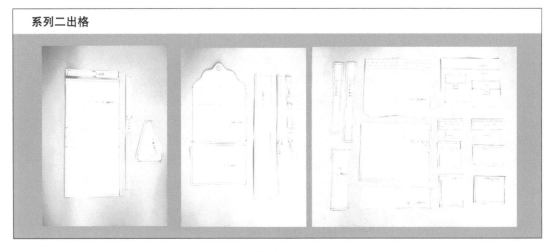

图 4-28

系列二纸模

图 4-29

系列三出格

图 4-30

系列三纸模

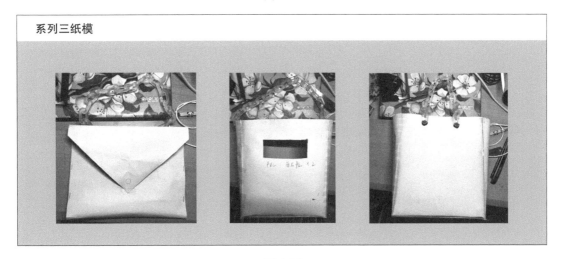

图 4-31

制作过程

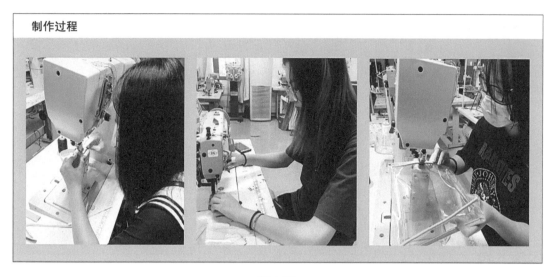

图 4-32

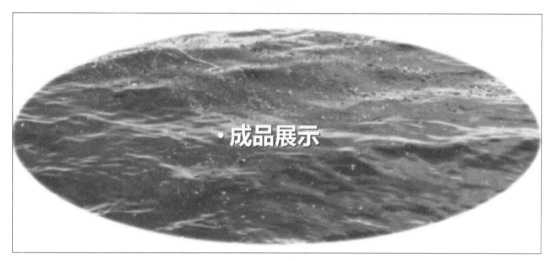

图 4-33

系列一成品图

图 4-34

系列二成品图

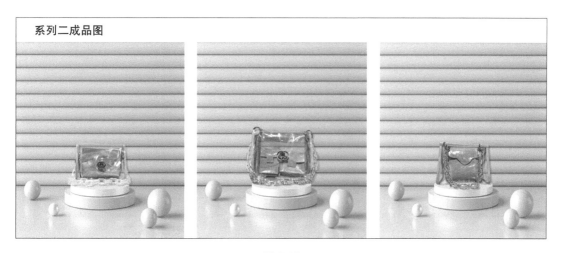

图 4-35

系列三成品图

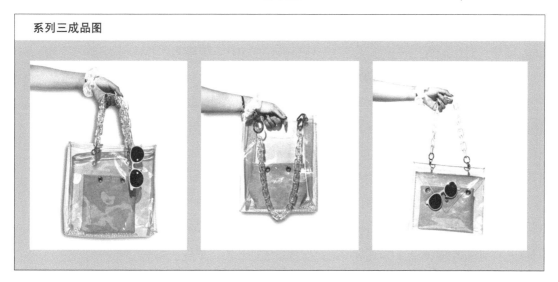

图 4-36

系列展示图

图 4-37

实训项目作业：

自定一个箱包品牌，进行产品设计项目实践。

参考文献

[1] 钟扬. 箱包制板与制作工艺 [M]. 北京：中国纺织业出版社，2019.

[2] 姜沃飞. 手袋出格师傅 [M]. 广州：华南理工大学出版社，2007.

[3] 李春晓. 时尚箱包设计与制作流程 [M]. 北京：化学工业出版社，2018.

[4] 华梅. 21世纪国际顶级时尚品牌箱包 [M]. 北京：中国时代经济出版社，2008.

[5] 祖秀霞，徐曼曼. 服饰品设计与制作 [M]. 北京：北京理工大学出版社，2020.

[6] 威登，雷昂福特，普贾雷·普拉. 路易威登的100个传奇箱包 [M]. 王露露，罗超，译. 上海：上海书店出版社，2010.

[7] 克莱尔·威尔考克斯. 百年箱包 [M]. 刘丽，李瑞君，译. 北京：中国纺织出版社，2000.

[8] 黄骁. 箱包皮具设计创新实践 [M]. 北京：北京理工大学出版社，2017

[9] 邵小华. 现代箱包设计与应用 [M]. 北京：化学工业出版社，2015.

[10] 杜少勋. 皮革制品造型设计 [M]. 北京：中国轻工业出版社，2011.

[11] 李雪梅. 现代箱包设计 [M]. 重庆：西南师范大学出版社，2009.

[12] 王立新. 箱包设计与制作工艺 [M]. 北京：中国轻工业出版社，2013.

[13] 《名牌志》编辑部. 香奈儿大图鉴. 长春：时代文艺出版社，2012.

[14] 《名牌志》编辑部. 爱马仕大图鉴. 长春：时代文艺出版社，2012.

[15] 《名牌志》编辑部. 路易威登大图鉴. 长春：时代文艺出版社，2012.

[16] 《名牌志》编辑部. 经典名牌大图鉴. 西安：陕西人民美术出版社，2011.